Gehölze im Winter

Walter Eschrich

Gehölze im Winter

Zweige und Knospen

3. Auflage, unveränderter Nachdruck 2016

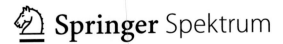 Springer Spektrum

Walter Eschrich
Göttingen, Deutschland

ISBN 978-3-662-48689-4   ISBN 978-3-662-48690-0 (eBook)
DOI 10.1007/978-3-662-48690-0

Die Deutsche Nationalbibliothek verzeichnet diese Publikation in der Deutschen Nationalbibliografie; detaillierte bibliografische Daten sind im Internet über http://dnb.d-nb.de abrufbar.

Springer Spektrum

Gedruckt auf säurefreiem und chlorfrei gebleichtem Papier.

Springer-Verlag Berlin Heidelberg ist Teil der Fachverlagsgruppe Springer Science+Business Media
(www.springer.com)

Vorwort

Im Winter sind Bäume und Sträucher zwangsläufig bevorzugte Studienobjekte für den naturkundlich interessierten Wanderer, da andere Blütenpflanzen fehlen. Die Buche erkennt wohl jeder, wenn sie kahl ist, doch schon bei der Eiche wird man mit der Nennung des Artnamens zurückhaltend sein. Nimmt man einen Zweig mit nach Hause, um die Art zu bestimmen, so muß man feststellen, daß die Pflanzenbestimmungsbücher – auch solche, die speziell für Gehölze gedacht sind – auf die winterlichen Merkmale kaum eingehen. Selbst im «HEGI» werden nur spärliche Angaben über Knospen und Zweige gemacht. Diesem Mangel begegnen Spezialwerke, die den winterlichen Zustand der Gehölze teils tabellarisch, teils bildlich erfassen, sie sind im Literaturverzeichnis genannt.

Auch das vorliegende Buch soll das Kennenlernen der einheimischen und einiger häufig angepflanzter exotischer Gehölze fördern und den Studenten der Gartenbau- und Forstwissenschaften als Hilfsmittel dienen, indem gerade solche Zweige, die man im Vorbeigehen abschneiden kann, farbig dargestellt sind. Auf einen Bestimmungsschlüssel wurde verzichtet, da man erfahrungsgemäß in einem Bilderbuch durch Blättern und Vergleichen rascher zum Ziel kommt. Allerdings erschien es sinnvoll, jeder Art eine kurze Beschreibung beizufügen, womit gleichzeitig auf die typischen Merkmale hingewiesen wird. Diesen beschreibenden Texten, die jeweils der Farbabbildung gegenüber angeordnet sind, sind die Skizzen der Blattnarben beigefügt, die zusammengestellt nochmals erscheinen (Seiten 12 bis 16), um eine Vororientierung zu erleichtern. Da von den 123 dargestellten Arten 56 behaarte Zweige besitzen, wurden auch mikroskopische Skizzen der Behaarung angefertigt.

Von der großen Zahl einheimischer und eingebürgerter Gehölze wurden die typischen Obst- und Ziergehölze nicht aufgenommen, gleichfalls fehlen die meisten Zwerg- und Spaliersträucher, selten vorkommende Sträucher, fast alle Arten der Gattung *Rosa* und natürlich solche Arten, die im Winter belaubt bleiben oder deren oberirdische Triebe vertrocknen.

Herrn Dietrich Barthe, Frankenthal, danke ich für Kritik und Rat zur Verbesserung dieses Buches. Der Verlagsleitung danke ich für das Interesse an diesem Buch und für die perfekte Art der Ausstattung.

Göttingen, Juni 1995   Walter Eschrich

Inhalt

für Berthilde und Ivo

Einleitung

Die farbigen Zweigabbildungen dieses Buches wurden in natürlicher Größe hergestellt, sie mußten aber aus technischen Gründen um 10% verkleinert werden.

Knospen und Zweigabschnitte, die für die Erkennung einer Gehölzart mit der Lupe untersucht werden müssen, sind in unterschiedlichen Vergrößerungen dargestellt, die beigefügten Größenangaben sind Durchschnittswerte in Millimetern.

Die Blattnarben-Skizzen sind auf den Seiten 12–16 zusammengefaßt dargestellt, um eine Vororientierung zu ermöglichen. Form und Größe der Blattnarben sind veränderlich. Diese Skizzen sind Lupenbilder, etwa 10fach vergrößert, sie sind einzeln nochmals den beschreibenden Texten beigefügt. Es empfiehlt sich, für alle Untersuchungen eine Taschenlupe zu benutzen. Bestens geeignet ist eine Einschlaglupe aus Plexiglas mit 30 mm Linsendurchmesser und 7facher Vergrößerung (Eschenbach-Lupe Nr. 1112). Bei der Benutzung beachte man, daß die Lupe dicht an das Auge gehalten werden muß, damit das Blickfeld ausreichende Größe erhält.

Wo Haare im mikroskopischen Bild dargestellt sind, umfaßt der Maßstab jeweils 100 µm (¹⁄₁₀ mm). Für die mikroskopische Untersuchung der Behaarung eignet sich jedes normale Mikroskop.

Über die Herstellung von Wasserpräparaten und die Handhabung des Mikroskops informieren die ersten Übungen in «Strasburger's Kleinem Botanischen Praktikum» (Eschrich, 1976, Gustav Fischer Verlag, Stuttgart).

Die in diesem Buch vorkommenden Pflanzennamen stimmen mit der in Jost Fitschen's Gehölzflora, 8. Auflage, verwendeten Nomenklatur überein.

Die Wuchsform der Zweige ist meistens für die Gehölzgattung typisch. **Monopodial** bedeutet, daß eine **Terminalknospe** vorhanden ist, die nicht in der Achsel eines Blattes entstand, sondern die Zweigspitze darstellt. Demzufolge sind Monopodien dominierende Hauptachsen. Abbildung 1 zeigt eine solche Terminalknospe beim Bergahorn. Sie ist deutlich größer als die dicht darunter stehenden, subterminalen Seitenknospen.

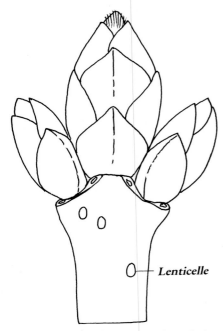

Abb. 1: Terminalknospe mit subterminalem Knospenpaar bei einem Monopodium, *Acer pseudoplatanus*. 5,6 ×

Monopodien wie *Acer, Clematis, Cornus, Euonymus, Fraxinus, Ligustrum, Lonicera, Philadelphus, Sambucus, Symphoricarpos* und *Viburnum* haben **dekussierte = kreuz-gegenständige** Blattstellung. Dementsprechend sind die Sprosse auch dekussiert verzweigt.

Monopodien mit **zerstreuter** Blattstellung, wie *Alnus, Fagus, Larix, Metasequoia, Populus, Quercus* und *Taxodium* lassen sich häufig in ihrer Wuchsform nicht von den **Sympodien** unterscheiden. Bei diesen setzt sich das Verzweigungssystem aus gleich kräftigen Achsengliedern (Podium = Ständer), aber unterschiedlicher Ordnung zusammen. Abbildung 2 stellt das Zweigende der Grauerle dar. Hier tritt die **Terminalknospe** *durch die starke Reduktion der darunter stehenden* **Seitenknospen** deutlich

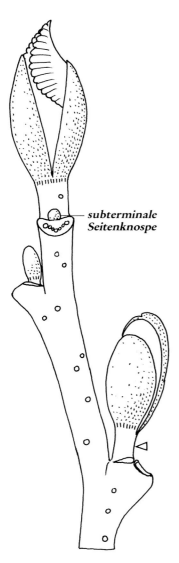

subterminale Seitenknospe

Abb. 2: Triebende von *Alnus incana* mit Terminalknospe. Die subterminale Seitenknospe ist im Wuchs reduziert. Erst die übernächste Seitenknospe ist normal ausgebildet, sie ist gestielt (Pfeil). 6,4 ×

hervor. Etwas weiter unten am Zweig treten wieder normal proportionierte Seitenknospen auf, die übrigens bei der Erle gestielt sind (Pfeil). Bei der Buche tritt eine Terminalknospe bei Sämlingen und stark belichteten oder besonders kräftigen Zweigen auf. Sie unterscheidet sich, wie es Abbildung 3 zeigt, kaum in ihrer Größe von den Seitenknospen, hat aber keine **Blattnarbe.** Oft ist sie abgebrochen oder nicht entwickelt. Dann besteht makroskopisch kein Unterschied zu einem echten **Sympodium.**

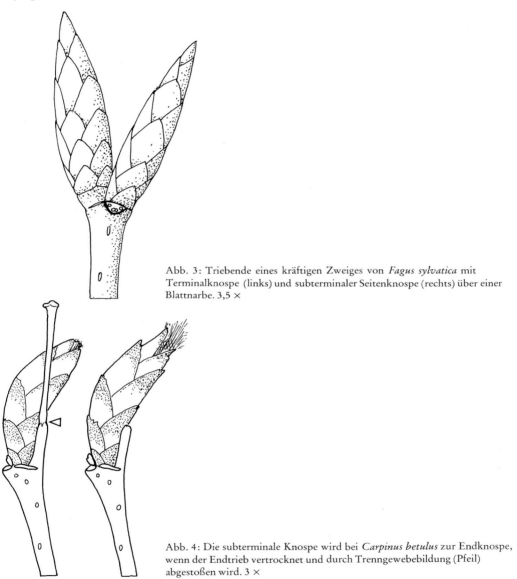

Abb. 3: Triebende eines kräftigen Zweiges von *Fagus sylvatica* mit Terminalknospe (links) und subterminaler Seitenknospe (rechts) über einer Blattnarbe. 3,5 ×

Abb. 4: Die subterminale Knospe wird bei *Carpinus betulus* zur Endknospe, wenn der Endtrieb vertrocknet und durch Trenngewebebildung (Pfeil) abgestoßen wird. 3 ×

Die Hainbuche (Abb. 4) ist echt **sympodial** verzweigt. Das **Triebende** vertrocknet regelmäßig und wird an einer **Trennstelle** (Pfeil), die bereits beim Austrieb angelegt ist, abgeworfen. Sympodien haben **Endknospen,** die in der Achsel eines Blattes stehen.

Die Grenze zwischen Monopodien und Sympodien verwischt sich, wenn die Terminalknospe ab-stirbt oder wenn der Haupttrieb nach Blütenbildung sein Wachstum einstellt. Auf diese Weise entsteht ein **Monochasium** (Roßkastanie), ein **Dichasium** (Flieder) oder ein **Pleiochasium,** wie es für die Stieleiche in Abbildung 5 dargestellt ist. Dort sind es mehr als zwei Seitenknospen, die anstelle der Terminalknospe austreiben.

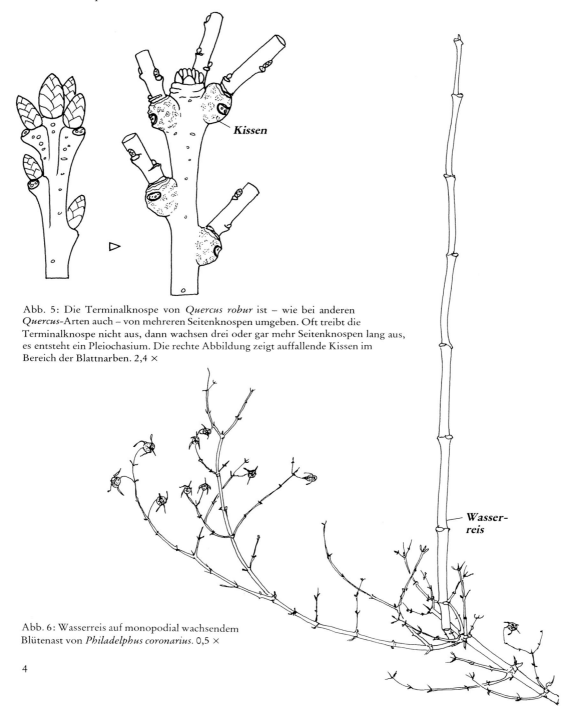

Kissen

Abb. 5: Die Terminalknospe von *Quercus robur* ist – wie bei anderen *Quercus*-Arten auch – von mehreren Seitenknospen umgeben. Oft treibt die Terminalknospe nicht aus, dann wachsen drei oder gar mehr Seitenknospen lang aus, es entsteht ein Pleiochasium. Die rechte Abbildung zeigt auffallende Kissen im Bereich der Blattnarben. 2,4 ×

Wasser-reis

Abb. 6: Wasserreis auf monopodial wachsendem Blütenast von *Philadelphus coronarius*. 0,5 ×

4

Im Gegensatz zu der konstanten Wuchsform und Blatt(narben)stellung sind **Gestalt** und **Farbe** der Zweige sehr variabel. Spitzentriebe wachsen oft **rutenförmig,** Seitentriebe sind meist **gekrümmt,** bei Sympodien häufig auch zick-zack-förmig **geknickt.** Extreme Gestaltsunterschiede treten zwischen Blütenzweigen und **Wasserreisern** auf. Abbildung 6 zeigt dies am Beispiel des Gewöhnlichen Pfeifenstrauchs, einer monopodial wachsenden Art.

Die **Farbe** – zumindest ihre Intensität – hängt fast immer vom Standort ab. Bei stark besonnten Gehölzen herrschen Rottöne vor, im Schatten ist Grün die Grundfarbe. Deshalb sind Seitenzweige lichtseits anders gefärbt als schattenseits. Eine rundum gleiche Färbung deutet darauf hin, daß der Zweig aufrecht wuchs.

Ältere Zweige sind oft verstaubt oder mit **Epiphyten** (Algen, Pilzen, Flechten, Moosen) bewachsen, was zu Änderungen von Farbe und Oberflächenstruktur führt.

Die Farbe eines Zweiges kann durch **Behaarung, Wachsausscheidungen** und die sogenannte «**Spiegelepidermis**» aufgehellt werden. Weiße Haare bestehen aus toten Zellen, die mit Gas gefüllt sind und daher das Licht reflektieren. Die Bereifung von Zweigen durch Wachsausscheidungen ist selten so stark, daß Farbänderungen auftreten. Man findet sie bei *Salix daphnoides,* der «Reifweide», bei *Rosa* und bei *Rubus fruticosus, Cornus sanguinea* und *Acer negundo.* Weit verbreitet ist dagegen die Erscheinung, daß sich die Epidermis von der Zweigoberfläche abhebt, wenn nämlich ihre Zellen frühzeitig absterben und durch **Dilatation** (Umfangserweiterung durch cambiales Dickenwachstum) des Zweiges abgetrennt werden. Auch hierbei wird das Licht reflektiert. Der Zweig erscheint an diesen Stellen grau-weiß und ist oft glänzend, was zu dem Ausdruck «Spiegelepidermis» geführt hat. Die Oberfläche eines Zweiges kann weitere Merkmale aufweisen, von denen vor allem die **Lenticellen** zu beachten sind. Nur wenige Gattungen haben keine Lenticellen, zu ihnen gehören *Lonicera, Philadelphus, Vitis* und *Clematis.*

Der jährliche Zuwachs eines Zweiges ist meist eindeutig zu bestimmen, denn an der **Triebbasis** befinden sich die flachen Narben der **Knospenschuppen,** die durch das **sekundäre Dickenwachstum** und die damit verbundene **Dilatation** stark verbreitert wurden. Abbildung 7 zeigt einen Zweigab-

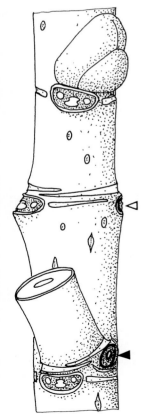

Abb. 7: Triebbasis und Vorjahrstriebende bei *Tilia platyphyllos.* Der Spitzentrieb entwickelte sich, sympodial, aus einer Seitenknospe, deren Tragblattnarbe links zu erkennen ist. Ihr gegenüber (offener Pfeil) befindet sich die Narbe der vorjährigen Zweigspitze. Der schwarze Pfeil weist auf die Narbe einer Infloreszenz. 5 ×

schnitt der Sommerlinde. Der offene Pfeil weist auf die Narbe der **Triebspitze.** Ihr gegenüber liegt die Blattnarbe des **Tragblattes,** in dessen Achsel sich die **Seitenknospe** befand, die sich zum neuen Trieb entwickelte. Ihre Schuppenblätter haben flache Narben hinterlassen, es sind zwei bei der Sommerlinde, sie gelten als **Vorblätter** und haben deshalb keine Nebenblätter. Hingegen war das Tragblatt mit **Nebenblättern** ausgestattet. Die Narbe eines der Nebenblätter ist strichförmig, breit-gezogen, zu sehen. Die entsprechenden Narben von Tragblatt mit Nebenblättern und Knospen-schuppen sind an der Basis des Seitentriebs im vorjährigen Sproßbereich zu sehen. Der schwarze Pfeil deutet auf die Narbe einer **Infloreszenz.**

Zweige tragen sehr häufig **Kurztriebe,** wie in Abbildung 8 einer bei der Holzbirne dargestellt ist. Es sind Triebe mit **gestauchten Internodien.** Oft können Kurztriebe zu gestrecktem Wachstum über-gehen, oder es können Kurz- und **Langtrieb**abschnitte mehrfach miteinander abwechseln. Das Bei-spiel von *Pyrus* (Abb. 8) zeigt auch, daß Triebe **verdornen** können. Hier ist es der Haupttrieb, der als **Dorn** endet, jedoch früher oder später durch Ausbildung eines **Trenngewebes** (Pfeil) abgeworfen wird.

Seitenzweig-Dornen sind häufiger und bleiben gewöhnlich erhalten. Letzteres trifft für viele Dorn-sträucher zu, wofür der Weißdorn (Abb. 9) ein Beispiel liefert. Aus der Achselknospe ist ein verdorn-ter Seitentrieb entstanden, der nur wenige verkümmerte Blätter hatte. In der Achsel solcher **Blattru-dimente** können Blütenknospen entstehen.

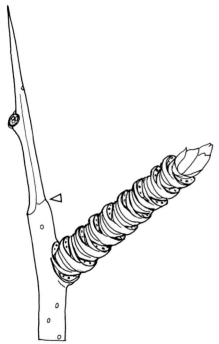

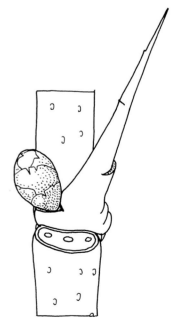

Abb. 8: Kurztrieb von *Pyrus communis.* Das verdornte Haupt-Triebende wird später an vorgebildeter Trennstelle (Pfeil) abgelöst. 3,5 ×

Abb. 9: Verdornter Seitentrieb mit basaler Blütenknospe von *Crataegus.* 8 ×

Echte **Dornen** sind Sprosse, die zumeist als Seitentriebe Blätter ausbilden. Wo Blattnarben völlig fehlen, liegen **Blattdornen** vor, die umgewandelte Blätter, Teile von Blättern oder Nebenblätter (Abb. 11) sein können. **Stacheln** sind dagegen **Emergenzen,** wie sie für die Zweige von Rosen und Brombeeren (Abb. 13) charakteristisch sind. Zum Unterschied von **Haaren (Trichomen)** beteiligen sich an der Bildung von Emergenzen außer der **Epidermis** auch noch Zellen des **Cortex.**

Für die Erkennung der Gehölze im Winterzustand sind die **Knospen** von großer Bedeutung. Sie werden bereits im Sommer angelegt, bei *Betula* im Mai, bei *Viburnum* und *Fraxinus* im Juni, bei *Sambucus, Fagus, Corylus* und *Acer* im Juli, und *Crataegus* bildet sie erst im August. Im Herbst, zur Zeit des Laubfalls, sind die Knospen bereits fertig ausgebildet. Wenn sie im Spätwinter noch größer werden, so gilt das bereits als Zeichen einsetzender **Reaktivierung.** Abbildung 10 zeigt ein Zweigstück der Grauen Weide, bei dem die Blattknospe (oben) noch ruht, während die Knospe des männlichen Blütenstands bereits austreibt.

Knospen sind gewöhnlich von einer **Knospenhülle** bedeckt. Diese kann aus einer durch Verwachsung von 2 Schuppenblättern gebildeten «Tüte» bestehen (nicht mit der Tüte der Gummibäume zu verwechseln, die als Verwachsung der Vorblätter gedeutet wird), wie bei *Magnolia, Platanus* und vor allem bei den *Salix*-Arten (Abb. 10). Es können zwei klappenförmige Knospenschuppen die Triebanlage umhüllen, wie es in Abbildung 2 für *Alnus* dargestellt ist und bei vielen anderen Gehölzen

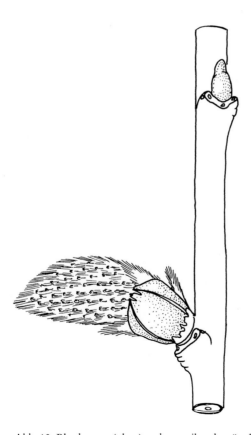

Abb. 10: Blattknospe (oben) und austreibende männliche Infloreszenzknospe (unten) von *Salix cinerea*. 3 ×

vorkommt, vor allem solchen mit dekussierter Blattstellung. Weiterhin können mehrere Knospenschuppen zerstreut oder dekussiert angeordnet sein, die sich in wenigen bis vielen Reihen mehr oder weniger stark decken. Manche Knospenschuppen sind mit Drüsenhaaren besetzt, den **Colleteren,** die zeitweise oder ständig *(Aesculus)* alkohollöslichen **Knospenleim** absondern. Es gibt auch «nackte» Knospen, deren äußere Blattgebilde nicht schuppig, Niederblatt-artig, sondern Laubblatt-artig ausgebildet sind. Hierher gehört *Viburnum lantana.*

Umgekehrt gibt es Knospen, die tief im Zweiggewebe verborgen sind. Meist liegen sie unter der Blattnarbe versteckt. Diese Erscheinung ist für die Fabaceen *(Robinia, Caragana)* und Caesalpiniaceen *(Gleditsia)* charakteristisch. Abbildung 11 zeigt die Blattnarbe der Robinie zwischen den **Nebenblattdornen,** im Stadium des Aufbrechens. Beim Gewöhnlichen Pfeifenstrauch, Abbildung 12, liegt ein gleicher Fall vor. Das Erscheinen und der Austrieb der Knospe fallen also in die gleiche Entwicklungsperiode.

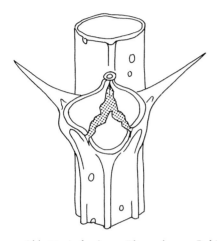

Abb. 11: Aufgerissene Blattnarbe von *Robinia pseudacacia* mit Nebenblattdornen. 4 ×

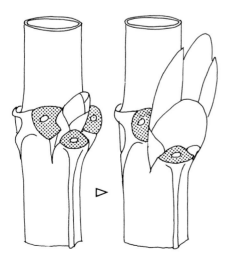

Abb. 12: Entwicklung der anfangs unter der Blattnarbe (punktiert) verborgenen Seitenknospe in zwei Stadien bei *Philadelphus coronarius.* 4,1 ×

Die Größe der Knospen ist variabel, meist sind die untersten Knospen eines Triebes klein, wenn sie nicht ganz fehlen. Es kommt auch vor, daß mehr als eine Knospe in der Blattachsel entstehen. Solche **Beiknospen** sind bei Gehölzen **serial** übereinander, selten **collateral** nebeneinander (Abb. 14) angeordnet. Abbildung 13 zeigt bei der Brombeere eine große Beiknospe über einer kleinen. Seriale Beiknospen mit nach oben abnehmender Größe findet man bei *Lonicera xylosteum* (Seite 69).

In Abbildung 14 sind zwei Entwicklungsstadien bei der Schwarzen Heckenkirsche dargestellt. Die beiden collateralen Beiknospen treiben erst im 2. Jahr aus, wenn die Entwicklung der Hauptseitenknospe bereits abgeschlossen ist.

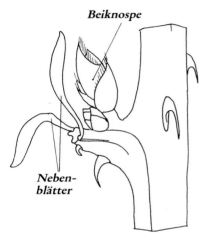

Abb. 13: Serial angeordnete Beiknospen bei *Rubus fruticosus*. 4 ×

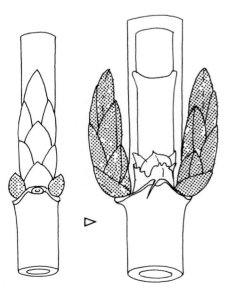

Abb. 14: Collaterale Beiknospen von *Lonicera nigra*. Zwei Entwicklungsstadien im Jahresabstand. 6,4 ×

Das Austreiben von Knospen ist nicht immer auf das Frühjahr beschränkt. Oft findet man in der Achsel größerer Blätter eines Triebes bereits die jungen Blätter der austreibenden Achselknospe. Diese **Prolepsis** oder Vorwegnahme ist vor allem **mesoton** gefördert, wenn also die mittelständigen Blätter eines Triebes am größten ausgefallen sind. Abbildung 15 zeigt links die **Vorblätter** eines Seitenzweiges des Feldahorns, obwohl das Tragblatt noch vorhanden ist (nur dessen Blattstiel ist dargestellt). Nach dem Laubfall findet man statt der üblichen Seitenknospe bereits einen kurzen Seitentrieb mit Terminalknospe und einem Paar subterminaler Seitenknospen (rechts). Eine solche **sylleptische Entwicklung** umgeht also das Knospenstadium.

Ein weiteres Merkmal für die Erkennung von Gehölzen im Winterzustand ist die **Blattnarbe.** Nur wenige Arten haben keine Blattnarben, nämlich solche, bei denen die Blattstiele als Halteorgane weiter benötigt werden *(Clematis)* oder wo kein Trenngewebe gebildet wird *(Lonicera periclymenum, Rubus fruticosus, Rubus idaeus).* Je nachdem, in welchem Abschnitt des Blattstieles ein **Trenngewebe** angelegt wird, kann die Blattnarbe auf einem **Kissen** (der Basis des Blattstieles), wie bei Platane und Maulbeere, oder zweigbündig, wie bei der Roßkastanie, liegen.

Die Blattnarben sind anfangs meist hell gefärbt und zeigen wie ein Siegel die Abbruchstellen der **Blattspurbündel.** Letztere liegen in Einzahl bei *Cytisus, Coronilla, Larix, Metasequoia, Taxodium* und *Vaccinium* vor, zwei Blattspuren hat *Ginkgo biloba,* dreizählig und fünfzählig sind die Blattspuren bei der Mehrzahl der Gehölze. *Syringa* hat eine Reihe dicht nebeneinander liegender Blattspuren. Bei den *Quercus*-Arten sind die Blattspuren nur undeutlich zu erkennen. *Morus alba* und *Liriodendron* haben einen Komplex von unregelmäßig über die Blattnarbe verstreuten Blattspuren. *Castanea* besitzt einen Ring von Blattspuren.

Auch die **Nebenblätter** hinterlassen Narben, die meistens komma- oder strichförmig neben den Blattnarben auftreten. Bei *Platanus* sind die Nebenblattnarben in den Halbkreis der Blattnarbe einbezogen. Oft bleiben die Nebenblätter länger erhalten als das Laubblatt, so bei *Rubus* (Abb. 13), oder sie werden zu Dornen und damit ausdauernd *(Robinia,* Abb. 11). Umgekehrt können Nebenblätter kurzlebig sein. Bei der Buche (Abb. 16) sind die inneren Knospenschuppen gleichzeitig Nebenblätter. Ihre Basis verlängert sich mit dem austreibenden Laubblatt, sie bleiben aber braun und fallen im Mai ab.

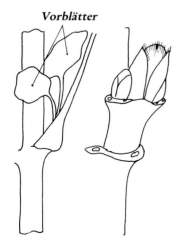

Vorblätter

Abb. 15: Sylleptische Entwicklung einer Achselknospe bei *Acer campestre.* 4 ×

Zur Charakterisierung einer Gehölzart dienen auch die Inhaltsstoffe der Rinde. Sofern es sich um flüchtige Stoffe handelt, kann die **Kratzprobe** (mit dem Fingernagel die Rinde aufkratzen und daran riechen) sehr aufschlußreich sein. In manchen Fällen werden auch **Drüsenhaare** auf der Zweigoberfläche beim Reiben einen typischen Geruch liefern.

Wenig Beachtung haben bisher die verschiedenen **Haartypen** an Zweigenden und Knospenschuppen gefunden. Schon der flüchtige Vergleich der Haarskizzen bei den einzelnen Beschreibungen der Gehölze läßt die Vielfalt der Haargestalt erkennen. Andererseits fällt auf, daß manche Haartypen für die Gattung *(Cornus)* oder gar eine Unterfamilie *(Maloideae)* charakteristisch sind.

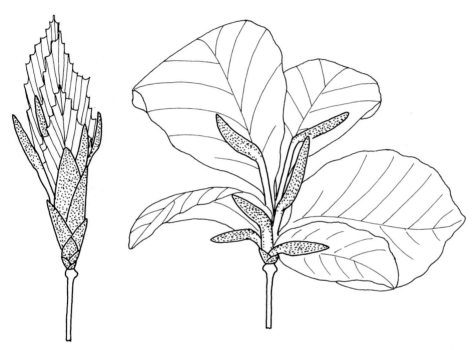

Abb. 16: Knospenentfaltung bei *Fagus sylvatica*. Die punktiert dargestellten inneren Knospenschuppen gelten als Nebenblätter. Sie werden von ihrer Basis her **(intercalar)** verlängert, fallen jedoch meist schon Ende Mai ab. Nur gelegentlich bleiben sie vertrocknet am Zweig hängen (vgl. Bild auf Seite 53). 2,5 ×, 2 ×

Blattnarben-Skizzen

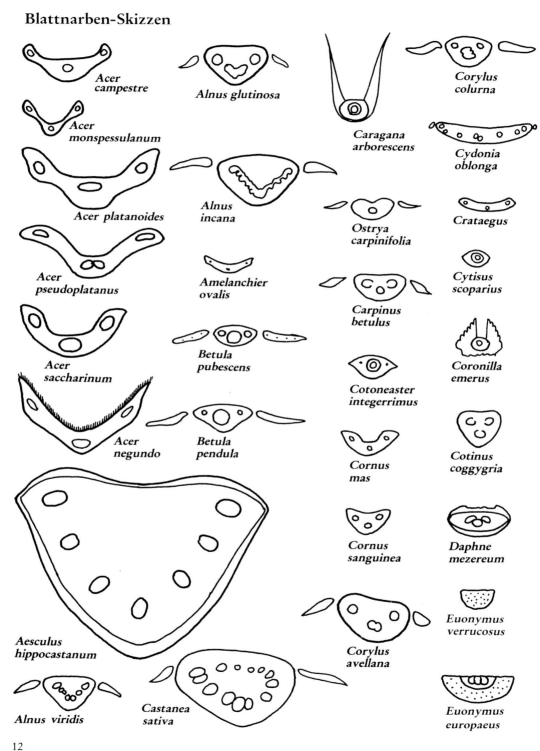

Acer campestre

Alnus glutinosa

Corylus colurna

Acer monspessulanum

Caragana arborescens

Cydonia oblonga

Acer platanoides

Alnus incana

Ostrya carpinifolia

Crataegus

Acer pseudoplatanus

Amelanchier ovalis

Carpinus betulus

Cytisus scoparius

Acer saccharinum

Betula pubescens

Cotoneaster integerrimus

Coronilla emerus

Acer negundo

Betula pendula

Cornus mas

Cotinus coggygria

Cornus sanguinea

Daphne mezereum

Aesculus hippocastanum

Corylus avellana

Euonymus verrucosus

Alnus viridis

Castanea sativa

Euonymus europaeus

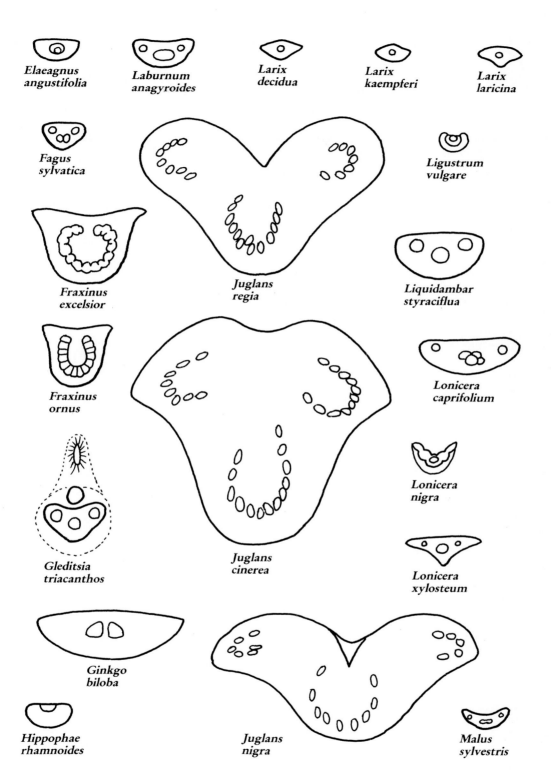

Elaeagnus
angustifolia

Laburnum
anagyroides

Larix
decidua

Larix
kaempferi

Larix
laricina

Fagus
sylvatica

Ligustrum
vulgare

Fraxinus
excelsior

Juglans
regia

Liquidambar
styraciflua

Fraxinus
ornus

Lonicera
caprifolium

Gleditsia
triacanthos

Juglans
cinerea

Lonicera
nigra

Lonicera
xylosteum

Ginkgo
biloba

Hippophae
rhamnoides

Juglans
nigra

Malus
sylvestris

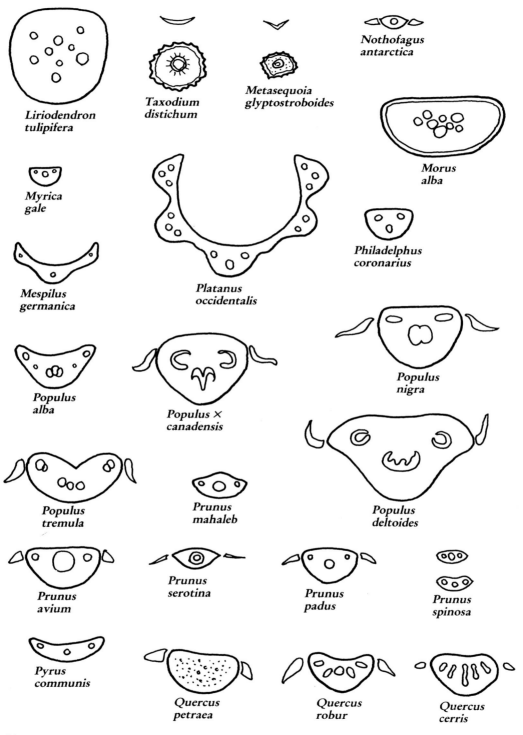

Liriodendron
tulipifera

Taxodium
distichum

Metasequoia
glyptostroboides

Nothofagus
antarctica

Morus
alba

Myrica
gale

Platanus
occidentalis

Philadelphus
coronarius

Mespilus
germanica

Populus
alba

Populus ×
canadensis

Populus
nigra

Populus
tremula

Prunus
mahaleb

Populus
deltoides

Prunus
avium

Prunus
serotina

Prunus
padus

Prunus
spinosa

Pyrus
communis

Quercus
petraea

Quercus
robur

Quercus
cerris

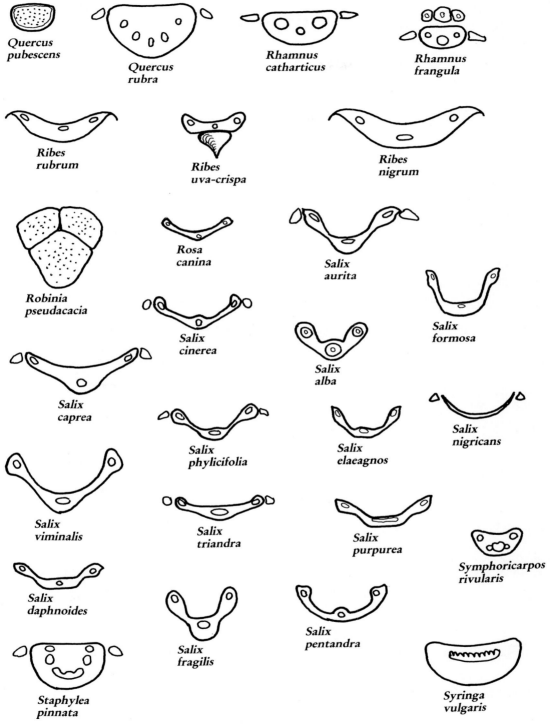

Quercus pubescens

Quercus rubra

Rhamnus catharticus

Rhamnus frangula

Ribes rubrum

Ribes uva-crispa

Ribes nigrum

Robinia pseudacacia

Rosa canina

Salix aurita

Salix cinerea

Salix alba

Salix formosa

Salix caprea

Salix phylicifolia

Salix elaeagnos

Salix nigricans

Salix viminalis

Salix triandra

Salix purpurea

Symphoricarpos rivularis

Salix daphnoides

Salix fragilis

Salix pentandra

Staphylea pinnata

Syringa vulgaris

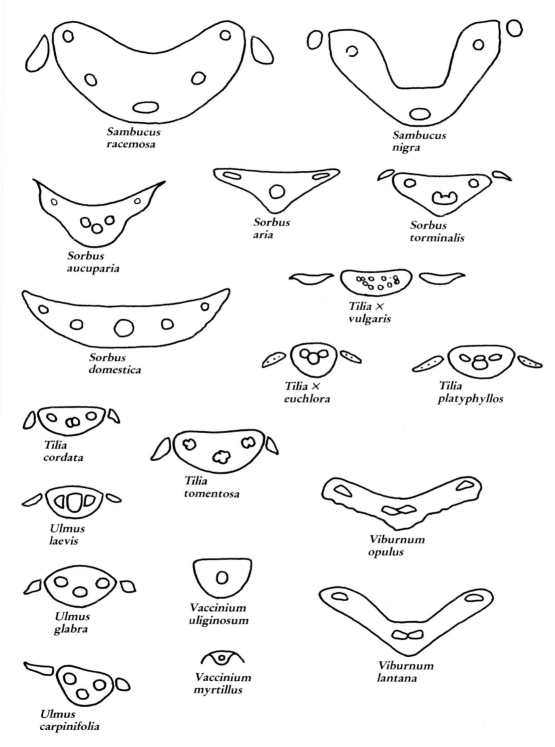

Sambucus
racemosa

Sambucus
nigra

Sorbus
aucuparia

Sorbus
aria

Sorbus
torminalis

Sorbus
domestica

Tilia ×
vulgaris

Tilia ×
euchlora

Tilia
platyphyllos

Tilia
cordata

Tilia
tomentosa

Viburnum
opulus

Ulmus
laevis

Ulmus
glabra

Vaccinium
uliginosum

Ulmus
carpinifolia

Vaccinium
myrtillus

Viburnum
lantana

Literaturverzeichnis

Amann, G.: Bäume und Sträucher des Waldes. J. Neumann, Neudamm, Melsungen 1972 (11. Aufl.).

Blakeslee, A.F., Jarvis, C.D.: Northeastern trees in winter. Verbesserter Nachdruck der Ausgabe von 1911, herausgegeben von E.S. Harrar. Dover Publ. Inc. New York, 1972.

Böhnert, E.: Die wichtigsten Erkennungsmerkmale der Laubgehölze im winterlichen Zustande. Eugen Ulmer, Stuttgart, 1952.

Dame, L.L., Brooks, H.: Handbook of the trees of New England. Herausgegeben nach der Ausgabe von 1901 von E.S. Harrar. Dover Publ., Inc. New York, 1972.

Egger, H.: Die wichtigsten sommergrünen Laubhölzer im Winterzustand. Verlag Fromme & Co., Wien, 1948.

Fitschen, J.: Gehölzflora. 6. Auflage bearbeitet von F.H. Meyer auf der Grundlage der Bearbeitung von F. Boerner. Quelle & Meyer, Heidelberg, 1977.

Godet, J.D.: Knospen und Zweige der einheimischen Baum- und Straucharten. Arboris-Verlag, Bern 1983.

Haller, B., Probst, W.: Botanische Exkursionen Band I. Exkursionen im Winterhalbjahr. S. 7–30. Gustav Fischer Verlag, Stuttgart, New York. 1979.

Harz, K.: Unsere Laubbäume und Sträucher im Winter. Akadem. Verlagsgesellschaft Geest & Portig, Leipzig, 1953.

Hegi, G.: Illustrierte Flora von Mitteleuropa. In 13 Bänden. Erscheint seit 1935 in zweiter Auflage. Carl Hanser Verlag, München.

Hempel, G., Wilhelm, K.: Die Bäume und Sträucher des Waldes in botanischer und forstwissenschaftlicher Beziehung. I–III mit 60 kolorierten Tafeln. Wien 1891–1899.

Herrmann, E.: Tabellen zum Bestimmen der wichtigsten Holzgewächse des deutschen Waldes und einiger ausländischer angebauter Gehölze. Verlag Neumann, Neudamm, 1924.

Huntington, A.L.: Studies of Trees in Winter. Knight & Millet, Boston, 1902.

Lang, J.: Sommergrüne Laubbäume und Sträucher im Winterzustand. Parey, Berlin, Hamburg, 1979.

Marcet, E.: Unsere Gehölze im Winter. (Hallwag-TB Band 82) Verlag Hallwag, Bern, Stuttgart. 1968.

Nose, R.: Bäume und Sträucher. I. Heimische Bäume und Sträucher. Deutsche Gärtnerbörse, Aachen, 1951.

Porsch, O.: Schlüssel zum Bestimmen der für Österreich forstlich wichtigen Laubhölzer nach den Wintermerkmalen. Carl Gerold's Sohn, Wien 1923.

Schneider, C.K.: Dendrologische Winterstudien. Gustav Fischer Verlag, Jena, 1903.

Schreitling, K.T.: Wir bestimmen Laubbäume im Winter. Mitt. d. AG Floristik in Schleswig-Holstein und Hamburg. Heft 16, Kiel 1968.

Schretzenmayr, M.: Bestimmungsschlüssel für die wichtigsten Laubhölzer im Winterzustand. Gustav Fischer Verlag, Jena, 1952.

Shirasawa, H.: Iconographie des essences forestières du Japon. Mit farbigen Tafeln. Paris 1899.

Späth, H.L.: Der Johannistrieb. Paul Parey, Berlin 1912.

Szymanoski, T.: Rozpoznawanie drzew i krzewow ozdobnych w stanie bezlistnym. Panstwowe Wydawnictwo. Rolnicze i Lesne, Warszawa, 1974. (Instruktive Zeichnungen von Ziersträuchern und Blattnarben.)

Trelease, W.: Winter synopsis of North American maples. Rep't Missouri Bot. Gard. 5: 88–106. 1894.

Trelease, W.: Winter Botany. 3. ed. Dover Publ. New York, 1931.

Ward, H.M.: Trees – A handbook of forest-botany for the woodlands and the laboratory. Vol. 1. Buds and Twigs. University Press, Cambridge. 1910.

Willkomm, M.: Deutschlands Laubhölzer im Winter. G. Schönfeld's Verlagsbuchhandlung, Dresden, 1880.

Willkomm, M.: Forstliche Flora von Deutschland und Österreich. Leipzig, 2. Aufl., 1887.

TAFELTEIL

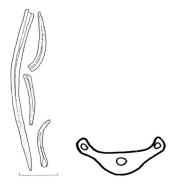

Acer campestre L.
(Aceraceae)
– Feldahorn – (Maßholder)

Zweige hellbraun, monopodial wachsend, mit dekussierten Blattnarben, an der Spitze behaart. Langtriebe besitzen an der Basis oft Korkleisten. Im 2. Jahr treten Kurztriebe auf, die an der Basis verlängerte Internodien haben. Lenticellen spindelförmig, längs-gestreckt, unauffällig hell, später grau.

Knospen wollig behaart. Sie liegen dem Zweig an, aber im mittleren Bereich kräftiger Langtriebe scheinen sie oft schräg abzustehen. Dort ist eine sylleptische Entwicklung der Vorblätter vorausgegangen (vgl. Abb. 15). Die Knospen enthalten Milchsaft, der beim Anstechen austritt.

Blattnarben mit 3 deutlichen Blattspuren, im Anfang hell-ocker, später grau-schwarz.

Bis 15 m hoher, einheimischer Baum in Laubwäldern und Hecken. Es sind mehrere Kulturformen bekannt.

Acer monspessulanum L.
(Aceraceae)
– Französischer Ahorn – (Burgen-Ahorn)

Zweige monopodial wachsend, mit dekussierten Blattnarben, kahl, nur an den Knoten schwach behaart, dunkel-ok-ker, später grau. Lenticellen zunächst als kurze, helle Längs-striche erkennbar, später werden sie dunkel und unauffällig. Seitenzweige oft als Kurztriebe ausgebildet, die meist nach unten gekrümmt sind. Die Lenticellen an den 1–2 mm langen Internodien der Kurztriebe sind rund, warzig und hell.

Knospen sind von anfangs anliegenden, später abstehenden hellgrau bewimperten Schuppen umgeben, deren Spitzen fast schwarz erscheinen. Bei den Terminalknospen haben die äußeren Schuppen gelegentlich eine rudimentäre Laubblatt-Spreite.

Blattnarben schmal, fast sichelförmig, nur an den 3 Blatt-spuren sind sie verbreitert.

Bis 8 m hoher, in Südeuropa heimischer Baum, der vereinzelt am Mittelrhein und am Main in sonniger, geschützter Lage auftritt.

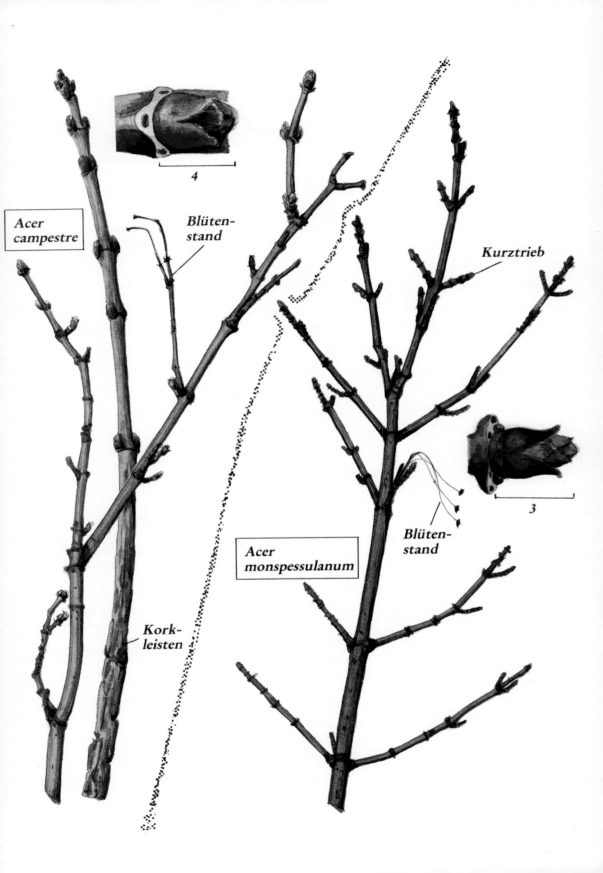

Acer campestre

Blüten-stand

4

Kork-leisten

Kurztrieb

Acer monspessulanum

Blüten-stand

3

Acer platanoides L.

(Aceraceae)

– Spitzahorn –

Zweige rund, kahl, monopodial wachsend mit dekussierten Blattnarben, zuerst hell rotbraun glänzend, schattenseits braungrün, später stumpf und graubraun gefärbt. Lenticellen rundlich, warzig, zunächst unauffällig, später schattenseits heller als der Untergrund. Seitenzweige an der Spitze oft als Kurztrieb ausgebildet.

Knospen rot bis rotviolett, matt glänzend. Knospenschuppen mit hellem Wimpersaum. Beim Anstechen tritt meist weißer Milchsaft aus. Terminalknospe zwischen Knospenpaar des letzten Knotens eingebettet und manchmal kurz gestielt. Alle tiefer stehenden Knospen sind viel kleiner oder fehlen ganz.

Blattnarben mit 3 dunklen Blattspuren, zuerst hellocker, dann grau.

Bis 30 m hoher, einheimischer Baum, der sich in lichten Laubwäldern selbst reichlich durch Samen vermehrt. Es sind zahlreiche Kulturformen bekannt.

Acer pseudoplatanus L.

(Aceraceae)

– Bergahorn –

Zweige monopodial wachsend, mit dekussierten Blattnarben, rund, kahl, stumpf oder matt glänzend, graugrün, später dunkelocker bis dunkelbraun gefärbt. Lenticellen zahlreich, länglich-warzig, anfangs zimtbraun, dann braun, aber stets heller als der Untergrund. Kurztriebe fast gerade wachsend.

Knospen grün. Knospenschuppen leicht gekielt, mit hellem Saum und braunem Rand. Subterminale Knospen oft stark entwickelt, alle tiefer stehenden Knospen stark reduziert oder fehlend (vgl. Abb. 1).

Blattnarben anfangs hellocker, später dunkelbraun und matt glänzend. Meist mit 3 breiten, seltener mit 4 oder 5 Blattspuren.

Bis 30 m hoher, einheimischer Waldbaum. Mehrere Kulturformen sind bekannt.

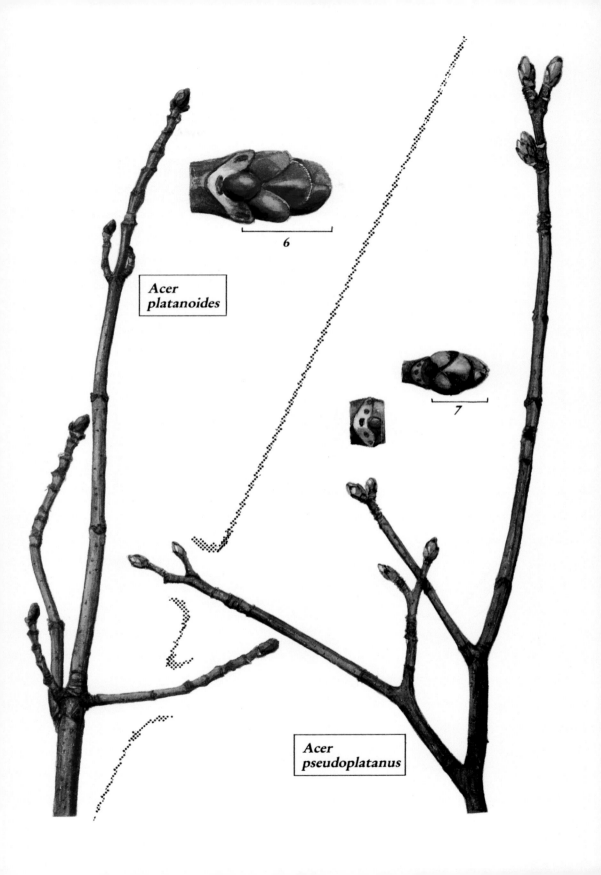

Acer
platanoides

6

7

Acer
pseudoplatanus

Acer saccharinum L.

(Aceraceae)
– Silberahorn –

Zweige rund, kahl, monopodial wachsend mit dekussierten Blattnarben. Anfangs lichtseits rotbraun, schattenseits olivocker, glänzend, später braun, stellenweise durch abblätternde Epidermis silbrig-grau glänzend. Alte Zweige stumpf graubraun. Lenticellen buckelig, hellgelblich, später braun bis schwarz. Einjährige Zweige zeigen über die ganze Länge Knospen, die Terminalknospen sind etwas größer. Im 2. Jahr treten Kurztriebe auf, die sich aufwärts krümmen. Im Kronenbereich stehen die Kurztriebe aufrecht und tragen am Ende 3 und mehr Knospen in dichtem Knäuel.

Knospen rot, Basis der Schuppenblätter grün. Schuppen am Rande schwach wollig behaart. Äußeres Schuppenpaar – besonders bei den Terminalknospen – oft schwarzbraun, bricht leicht ab.

Blattnarben zuerst hell, später schwarz mit 3 Blattspuren.

Bis 40 m hoher in Nordamerika heimischer Baum. Mehrere Kulturformen sind bekannt.

Acer negundo L.

(Aceraceae)
– Eschen-Ahorn –

Zweige rund, gerade, streng monopodial wachsend mit dekussierten Blattnarben. Zweige auch im Alter allseits grün, oft blauweiß bereift. Jüngste Zweigspitzen rötlich überlaufen. Lenticellen spärlich, hell, aber sehr klein, später warzig braun-ocker. Kurztriebe selten.

Knospen rosa, weißlich bereift, manchmal etwas behaart. Im Herbst oft von der Blattstielbasis verdeckt, die jedoch später vertrocknet und abfällt. Triebe bis zu den untersten Knoten mit Knospen ausgestattet.

Blattnarben hellocker, später grau mit 3 Blattspuren, am oberen Rand deutlich mit weißem Wimpersaum.

Bis 20 m hoher, aus Nordamerika stammender Baum. Mehrere Kulturformen sind bekannt. Die Form «Elegans» mit panaschierten Blättern hat stark bereifte Zweige.

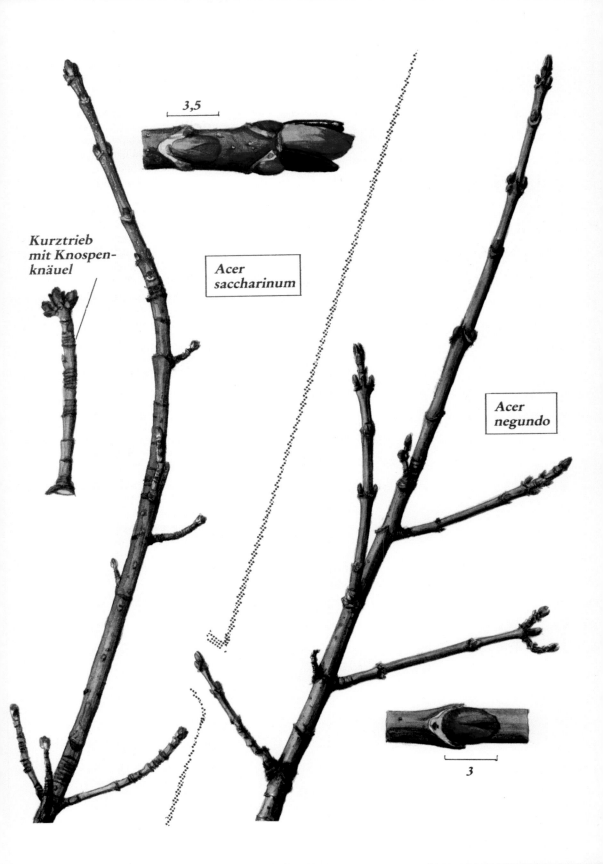

3,5

Kurztrieb
mit Knospen-
knäuel

Acer
saccharinum

Acer
negundo

3

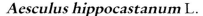

Aesculus hippocastanum L.

(Hippocastanaceae)
– Gewöhnliche Roßkastanie –

Zweige dick, monopodial wachsend, mit dekussierten Blattnarben. Im 1. Jahr ockerbraun, später braun und matt glänzend. In der Knotenregion schwach und kurz behaart. Lenticellen hellocker, warzig, längs-spindelförmig. Ältere Zweige mit vereinzelten dünnen Kurztrieben.

Knospen von Knospenleim klebrig und stark glänzend, groß, braun. Terminalknospe besonders groß (> 20 mm), sie entwickelt den monochasialen Blütenstand. Subterminalknospen stark reduziert, aber die nächsttiefer stehenden Knospen wieder groß. Davon die unterseitige größer (Hypotonie).

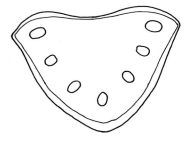

Blattnarben groß, zuerst hellocker, später kupferfarben, mit 7 Blattspuren.

Bis 25 m hoher, in den Balkanländern heimischer Baum. Einige spontan entstandene Formen werden kultiviert.

Alnus viridis (Chaix) DC

(Betulaceae)
– Grünerle –

Zweige monopodial wachsend mit zerstreuten Blattnarben, lichtseits rotviolett, schattseits graugrün, zweischneidig zusammengedrückt. Am zweijährigen Zweig sitzen die männlichen Infloreszenzen an langen, die weiblichen an kurzen Trieben. Lenticellen weißlich, rund.

Knospen sitzend oder nur kurz (1–2 mm) gestielt, braunviolett. Die zwei äußeren Knospenschuppen sehr ungleich groß, unbehaart.

Blattnarben abgerundet dreieckig mit langen Nebenblattnarben auf vorspringenden Wülsten. Zahl der Blattspuren variabel, V-förmig angeordnet.

Fruchtzapfen feingliedrig beschuppt, braun. Samen 2,5 mm lang.

Bis 2,5 m hoher Strauch der europäischen Gebirge. Wächst in den Alpen an Lawinenhängen.

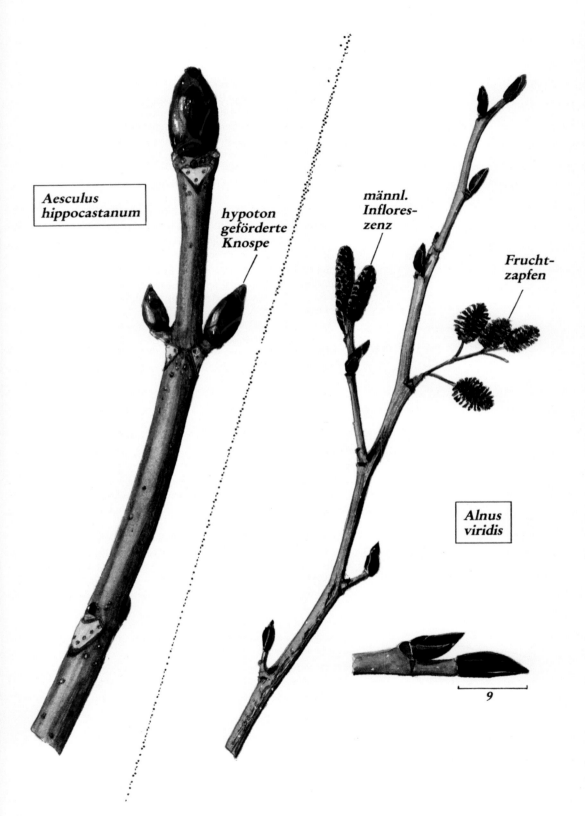

Aesculus hippocastanum

hypoton geförderte Knospe

männl. Infloreszenz

Frucht-zapfen

Alnus viridis

9

Alnus glutinosa (L.) Gaertn.

(Betulaceae)
– Roterle – (Schwarzerle)

Zweige rund, monopodial verzweigt mit zerstreuten Blattnarben. Im ersten Jahr lichtseits zimtbraun bis rötlich, unbehaart oder nur an der Spitze wenig behaart. Vorjährige Zweige grau. Zweigepidermis wird später rissig und bleibt an der Schattenseite lange erhalten. Lenticellen rund, buckelig, zuerst gelblich, später grauweiß.

Knospen gestielt, nur die endständige Knospe bleibt ungestielt. Knospen von zwei rotvioletten, matt glänzenden, klappenartigen Schuppen eingeschlossen.

Blattnarben abgerundet dreieckig, dreispurig mit kleinen Nebenblattnarben. Basale Blattnarben oft ohne Knospen, flach, aber mit großen Nebenblattnarben.

Fruchtzapfen eiförmig, schwarz. Früchte hellbraun, 2,5 mm, innerhalb des Fruchtzapfens gemeinsam mit Drüsenhaaren (braun, mit vielen Keulenzellen) in alkohollöslichem Sekret verklebt.

Männliche Infloreszenzen lichtseits rot, schattenseits grün.

Bis 25 m hoher einheimischer Baum mit gelbocker gefärbtem Wurzelholz. Mehrere Formen sind bekannt. Bastardiert mit *Alnus incana* (*Alnus × pubescens* Tausch).

Alnus incana (L.) Moench

(Betulaceae)
– Grauerle – (Weißerle)

Zweige rund, monopodial wachsend mit zerstreuten Blattnarben, lichtseits rotviolett, schattenseits graugrün gefärbt. Junge Zweige samtig behaart. Lenticellen rund, grau, später schwarz.

Knospen kurz gestielt (Abb. 2), blauviolett, mit zweiklappiger wollig behaarter Hülle. Die zwei äußeren Hüllschuppen bleiben beim Wachstum des Knospenstiels zurück, vertrocknen und brechen ab. Zuweilen bleibt ein solches Schuppenblatt durch Abreißen von seiner Basis als «graue Mütze» an der Knospe kleben.

Blattnarben abgerundet dreieckig, flach mit drei Blattspuren, die oft zu einem schwarzen «V» vereinigt sind. Schwach gebogene Nebenblattnarben.

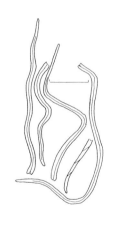

Fruchtzapfen kaffeebraun, fast kugelig. Früchte 3 mm lang.

Bis 20 m hoher einheimischer Baum der Flußauen. Einige Gartenformen sind bekannt.

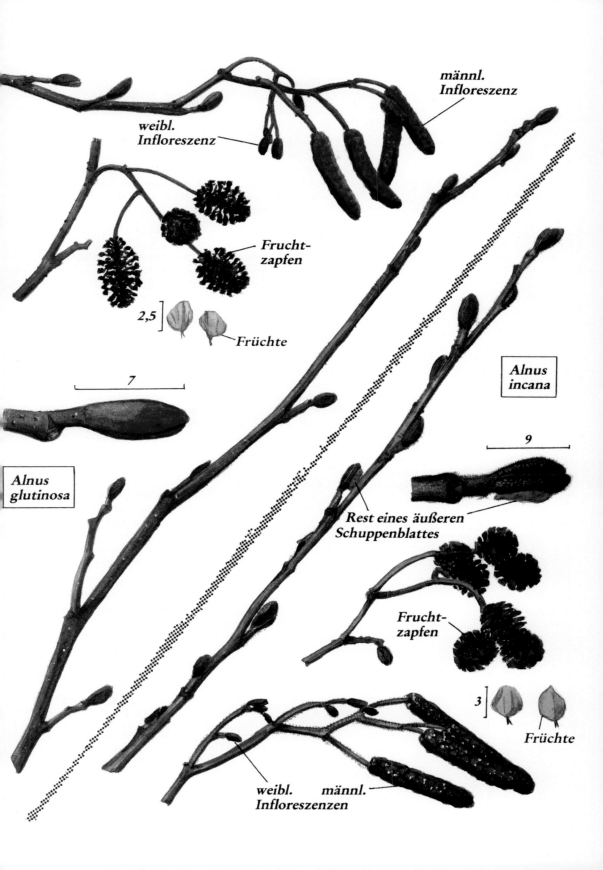

männl.
Infloreszenz

weibl.
Infloreszenz

Frucht-
zapfen

2,5 Früchte

7

Alnus
incana

9

Alnus
glutinosa

Rest eines äußeren
Schuppenblattes

Frucht-
zapfen

3 Früchte

weibl.   männl.
Infloreszenzen

Amelanchier ovalis Med.

(Rosaceae)
– Echte Felsenbirne –

Zweige rund, rutenförmig, sympodial wachsend mit zerstreuten Blattnarben, rotbraun, bereits an der Zweigspitze mit silbrig abgehobener Epidermis. Lenticellen vereinzelt, braun, später schwarz.

Knospen rotbraun, über den gesamten Jahrestrieb verteilt, nur die unterste Blattnarbe ohne Knospe. Endknospe mit auseinanderspreizenden, rotbraunen Schuppen, die am Rande grauweiß behaart sind.

Blattnarben schwarz, schmal-bogig, mit 3 winzigen Blattspuren.

Bis 2,5 m hoher einheimischer Strauch an sonnigen Abhängen.

Berberis vulgaris L.

(Berberidaceae)
– Gewöhnliche Berberitze – (Sauerdorn)

Zweige kantig, sympodial wachsend mit zerstreuten ein- bis siebenteiligen, 1–2 cm langen Dornen (umgewandelte Blätter), grünocker, lichtseits oft rot überlaufen, schwach behaart. In den Achseln der Dornblätter haben sich proleptisch Kurztriebe entwickelt, von denen 4 oder mehr Blattnarben zurückgeblieben sind. Diese sind um die Endknospe des Kurztriebs gruppiert.

Das Holz der Zweige ist gelbgrün.

Bis 2,5 m hoher, in Europa heimischer Strauch. Zwischenwirt für die Aecidienform von *Puccinia graminis,* dem Schwarzrost. Auf ihren Wurzeln wächst *Orobanche lucorum.*

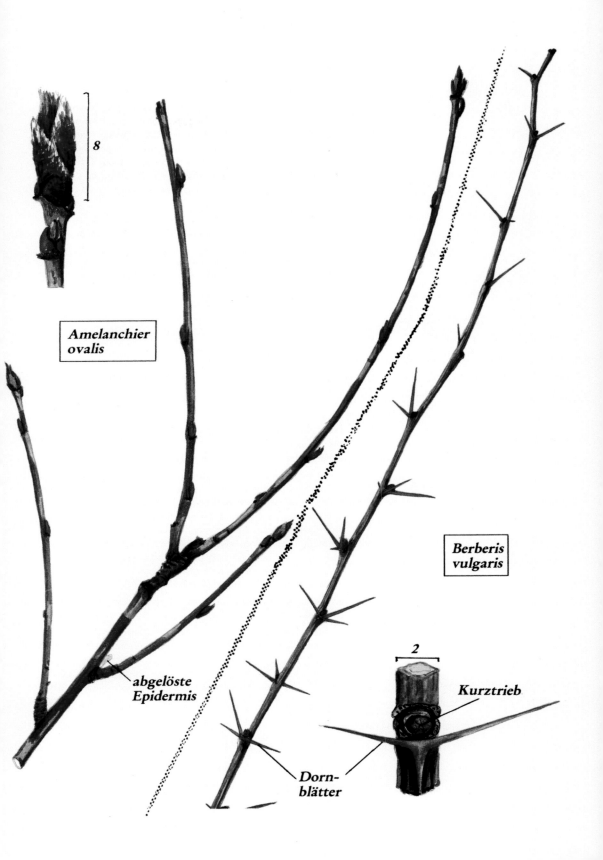

8

Amelanchier ovalis

Berberis vulgaris

abgelöste Epidermis

2

Kurztrieb

Dornblätter

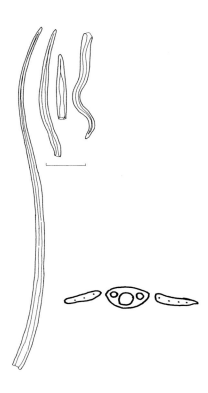

Betula pubescens Ehrh.

(Betulaceae)

–Moorbirke –

Zweige sympodial wachsend, mit zerstreuten Blattnarben, Zweigenden meist vertrocknet. Junge Zweige braun, an der Spitze dicht mit weichen braunen oder gelben Haaren besetzt, jedoch stellenweise kahl und durch abgehobene Epidermis grau. Drüsen oder Korkwarzen fehlen oder treten nur vereinzelt auf. Ältere Zweige kahl, grau, mit rissiger Außenrinde. Lenticellen dunkelgrau, rund oder quer stehend.

Knospen 8 mm, glänzend, äußere Knospenschuppe unten behaart, mit Buckel, zeitweise klebrig, zugespitzt braun, oben grünbraun.

Blattnarben klein mit drei Blattspuren. Nebenblattnarben schwarz, gestreckt, manchmal mit 3 oder 4 kleinen Blattspuren.

Die Spindeln der weiblichen Infloreszenzen bleiben lange erhalten

Bis 20 m hoher, einheimischer Baum auf sauren Böden.

Betula pendula Roth

(Betulaceae)

– Warzenbirke – (Gemeine Birke)

Zweige sympodial wachsend, mit zerstreuten Blattnarben, braun bis rötlich braun, schattenseits oft grünlich. Junge Zweige mit sehr kurzen Haaren besetzt. Im typischen Fall sind die jungen Zweige dicht mit weißen Warzen besetzt. Es sind Korkwarzen, über denen Drüsenhaare sitzen, die von weißlich erhärtetem, alkohollöslichen Sekret bedeckt sind. Ältere Zweige sind glatt, an Stellen mit abgelöster Epidermis grau. Lenticellen wenig heller, manchmal nicht deutlich von den Korkwarzen zu unterscheiden.

Knospen 6 mm, braun, oft an der Spitze von ausgeschiedenem Sekret glänzend, dann dunkelbraun.

Blattnarben klein, flach mit einer medianen und zwei sehr kleinen lateralen Blattspuren. Nebenblattnarben lang schmal.

Bis 20 m hoher, einheimischer Baum der Heiden und trockenen Wälder. Zahlreiche Formen sind bekannt, die sich außer im Blattschnitt auch im Wuchs des Baumes unterscheiden (Säulen-, Hängeformen).

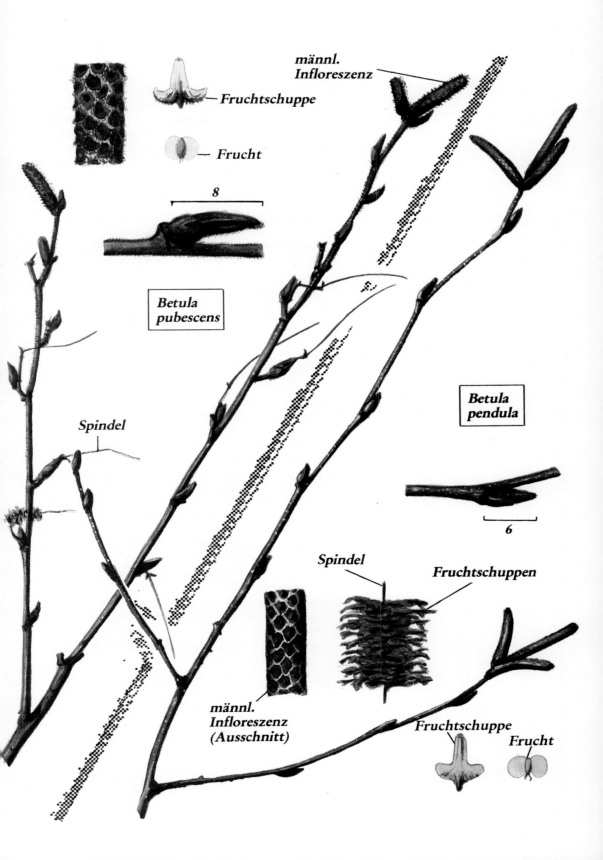

männl.
Infloreszenz

— Fruchtschuppe

— Frucht

8

Betula
pubescens

Spindel

Betula
pendula

6

Spindel

Fruchtschuppen

männl.
Infloreszenz
(Ausschnitt)

Fruchtschuppe

Frucht

Castanea sativa Mill.
(Fagaceae)
– Eßbare Kastanie –

Zweige sympodial wachsend, mit zerstreuten Blattnarben, die annähernd zweizeilig angeordnet sind. Zweigenden kantig, lichtseits rotbraun bis schokoladebraun, schattenseits grün oder olivgrün. Zweige besonders an der Spitze dicht mit kurzen Haaren besetzt, später stellenweise kahl und matt glänzend. Lenticellen auffallend weiß, punktförmig und dicht.

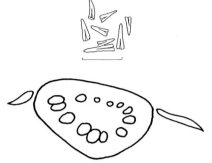

Knospen 4,5 bis 6 mm, rot, an der Basis oft grün. Die beiden sichtbaren Schuppen sind ungleich groß, die innere reicht bis über die Knospenspitze. Die Knospen sitzen schief über den Blattnarben, eine Endknospe fehlt.

Blattnarben groß, ocker, später grau, abgerundet schief dreieckig, mit rauher Innenfläche, in der zahlreiche Blattspuren in einem Kreis angeordnet sind. Nebenblattnarben strichförmig, oft ungleich lang.

Bis 30 m hoher, in Südeuropa heimischer, häufig kultivierter Baum.

Caragana arborescens Lam.
(Fabaceae)
– Gemeiner Erbsenstrauch –

Zweige rutenförmig, sympodial wachsend mit zerstreuten Blattnarben, an der Spitze kupferfarben matt glänzend, kahl, mit grünen Längsstreifen. Später grünglänzend mit kupferfarbenen bis grauen Längsstreifen der primären Rinde, in der Sclerenchymfaserbündel eingeschlossen sind. Lenticellen spärlich, warzig quer gestellt, sie fallen durch ihre hellocker bis hellgraue Farbe meist erst später auf. Zweige im 2. Jahr an der Spitze mit Langtrieben, darunter Kurztriebe, die oft vertrocknete Fruchtstiele tragen.

Knospen 7 mm, von pergamentartig trockenen, hell-bräunlichen Schuppen umhüllt.

Blattnarben sehr klein, mit einer Blattspur, vom Blattgrund umfaßt, dessen weiche oder stachelig-spitzen Nebenblätter erhalten sind.

Bis 5 m hoher, in Ostasien heimischer Strauch.

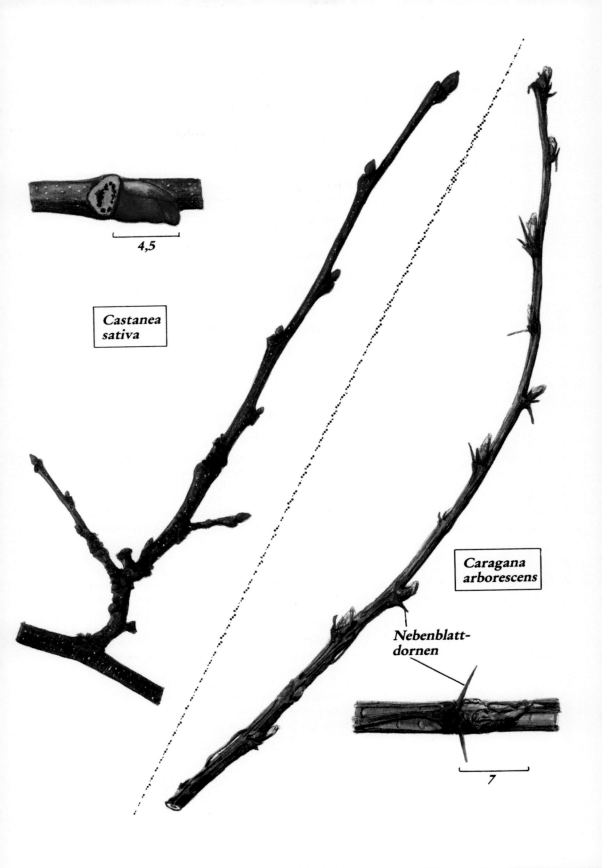

4,5

Castanea sativa

Caragana arborescens

Nebenblatt-dornen

7

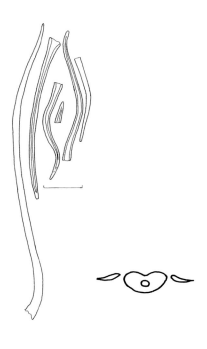

Ostrya carpinifolia Scop.
(Corylaceae)
– Gewöhnliche Hopfenbuche –

Zweige sympodial wachsend, mit zerstreuten, zweizeilig angeordneten Blattnarben, enden im 1. Jahr fast stets mit männlichen Infloreszenzen. Junge Zweige wollig-gelb behaart, lichtseits rotbraun, schattenseits oliv-braun, matt glänzend, mit zahlreichen weißen Lenticellen, die runden oder quer-ovalen Umriß haben. Seitentriebe kurz, regelmäßig über den Langtrieb verteilt, oft nur mit einer Knospe. Die Spindeln der weiblichen Infloreszenzen treten inständig an kurzen Seitentrieben auf. Sie sind eng zick-zack-förmig geknickt.

Knospen 5 mm, rötlich, schattenseits grün, schwach behaart und glänzend.

Blattnarben sehr klein, mit einer Blattspur. Nebenblattnarben strichförmig. Die trockenen, braunstreifigen, lanzettlichen Nebenblätter sind oft noch lange vorhanden.

Bis 20 m hoher, in Südosteuropa heimischer Baum.

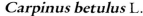

Carpinus betulus L.
(Corylaceae)
– Gemeine Hainbuche –

Zweige sympodial wachsend, mit zerstreuten Blattnarben, die an Langtrieben meist zweizeilig angeordnet sind. Langtriebe leicht zick-zack-förmig geknickt, unten mit anliegenden, oben mit etwas abstehenden Knospen. Zweige lichtseits braun, schattenseits olivgrün. Lenticellen weißlich, punktförmig und zahlreich, an älteren Zweigen schwarzbraun und unauffällig.

Knospen 9 mm, mit stark grauweiß bewimperten Schuppen. Knospen manchmal zur Lichtseite gekrümmt, rotbraun mit meist 6 Reihen von Schuppen. Endknospe verkümmert oder fehlend (vgl. Abb. 4). Gelegentlich treten an kräftigen Trieben seriale Beiknospen auf, die kleinere steht vor der Hauptknospe.

Blattnarben mit 3 Blattspuren, die beiden lateralen größer als die mediane. Nebenblattnarben augenförmig, manchmal mit 3 winzigen Blattspuren.

Die Wimperhaare der Knospenschuppen sind lang, dickwandig und meist schraubig gerissen. Von den Knospen verdeckt treten sehr kleine Haare am Zweig auf.

Bis 20 m hoher, einheimischer Baum ohne Borkenbildung. Vielfach als Heckenpflanze verwendet.

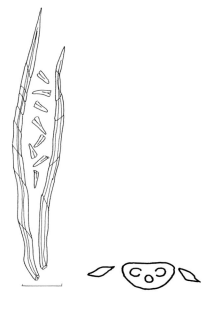

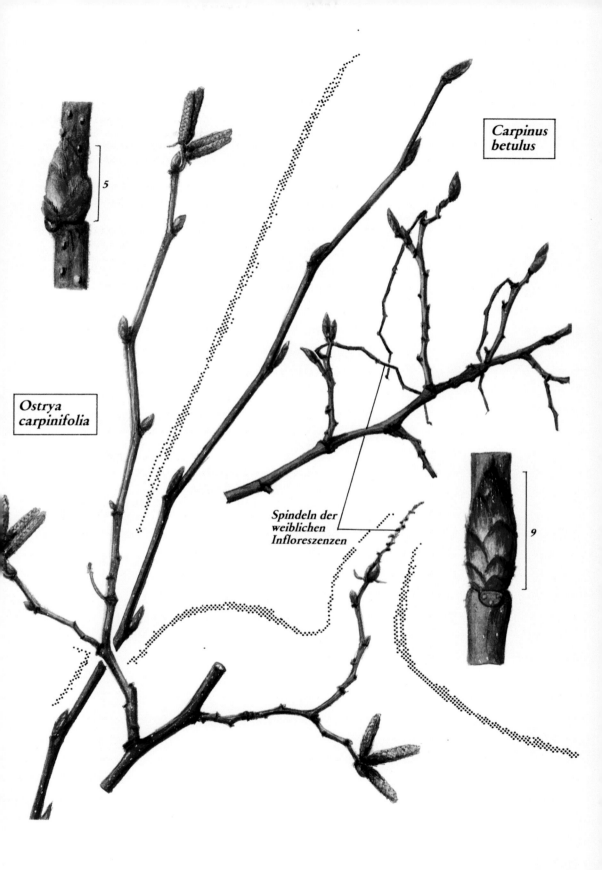

Carpinus
betulus

5

Ostrya
carpinifolia

Spindeln der
weiblichen
Infloreszenzen

9

Clematis vitalba L.

(Ranunculaceae)

– Gemeine Waldrebe –

Zweige monopodial wachsend, mit dekussiert stehenden Blattstielen. Junge Zweige krautig, rotviolett, im Schatten grün, stark gerieft, an den Knoten weiß bis gelblich behaart. Ältere Zweige grau mit langrissiger Außenrinde. Keine Lenticellen.

Blattstiele bleibend, oft zurückgebogen, gefiedert und sehr lang, vielfach gewunden. Sie dienen als Halteorgane für die kletternde Pflanze.

Knospen 5 mm, dünn, rotviolett. Aus ihnen entwickeln sich zumeist verzweigte Infloreszenzen mit Terminalblüte.

Früchte mit 3 cm langen, weiß behaarten Griffelästen. Sie haften oft lange Zeit am Rezeptakulum.

Keine Blattnarben, da Blattstiele erhalten bleiben.

Bis 10 m hoch kletternde, einheimische Liane.

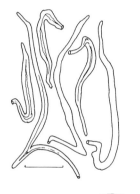

Cotoneaster integerrimus Med.

(Rosaceae)

– Gemeine Zwergmispel –

Zweige sympodial wachsend, mit zerstreuten Blattnarben, rotbraun, matt glänzend, im 1. Jahr an der Spitze grau-wollig behaart (Ellbogenhaare), durch abblätternde Epidermis fleckenweise hellgrau glänzend. Ältere Zweige mit sehr großen, runden, warzigen Lenticellen (1,5 mm ⌀!). Kurztriebe oft gelblich behaart.

Knospen leicht geöffnet, von zwei abstehenden, braunroten Schuppen flankiert. Innere Schuppen graugelb behaart.

Blattnarben augenförmig mit großer medianer Blattspur. Nebenblattnarben nicht zu erkennen.

Bis 2 m hoher Strauch, an sonnigen Kalkhügeln. Einheimisch.

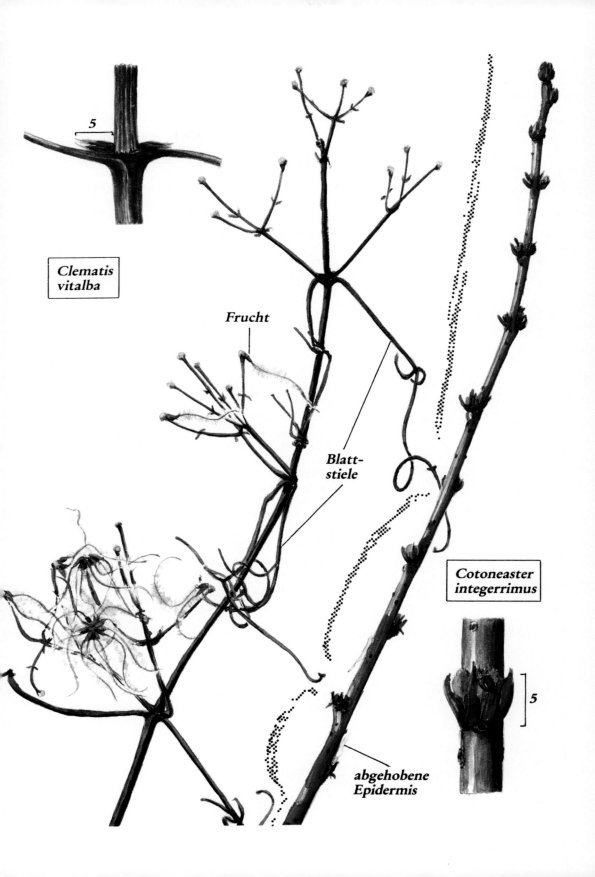

Clematis vitalba

5

Frucht

Blatt-stiele

Cotoneaster integerrimus

5

abgehobene Epidermis

Cornus mas L.

(Cornaceae)

–Kornelkirsche –

Zweige mit grünen Enden, monopodial wachsend, mit dekussierten Blattnarben. Ältere Zweigabschnitte von abgehobener Epidermis grau, sonst violettbraun. Zweige an den Jahrgrenzen leicht geknickt. Lenticellen fehlen. Letztjährige Zweige fast immer mit kugeligen Blütenknospen, die von zwei (im Herbst noch verwachsenen) schalenförmigen, behaarten Schuppen eingeschlossen sind.

Knospen dünn, abstehend, 4 mm, Terminalknospen 5 mm, von zwei behaarten Schuppen umschlossen. Haare T-förmig, verdickt, oft mit warziger Oberfläche.

Blattnarben winkelig ausgerandet, mit 3 kleinen Blattspuren. Keine Nebenblattnarben.

Bis 8 m hoher einheimischer Baum an trockenen Abhängen. Blüht gelb sehr zeitig im Frühjahr.

Cornus sanguinea L.

(Cornaceae)

–Roter Hartriegel –

Zweige monopodial wachsend, mit dekussierten Blattnarben, mindestens an den Enden rot. Ältere Zweigabschnitte lichtseits rot oder grau, schattenseits grün, jedoch immer mit roten Streifen oder Flecken. Lenticellen fehlen. Epidermis zuweilen abgehoben, dann Zweig grau. Vertrocknete Infloreszenzen (Dolden) terminal, Sproß am darunter liegenden Knoten isotom verzweigt.

Knospen 3 mm, Terminalknospen 5 mm. Knospen dem Stengel eng anliegend und behaart (T-Haare).

Blattnarben abgerundet dreieckig, konkav gebuchtet, mit 3 gleich großen Blattspuren. Keine Nebenblattnarben.

Bis 4 m hoher, in einheimischen Laubwäldern weit verbreiteter Strauch.

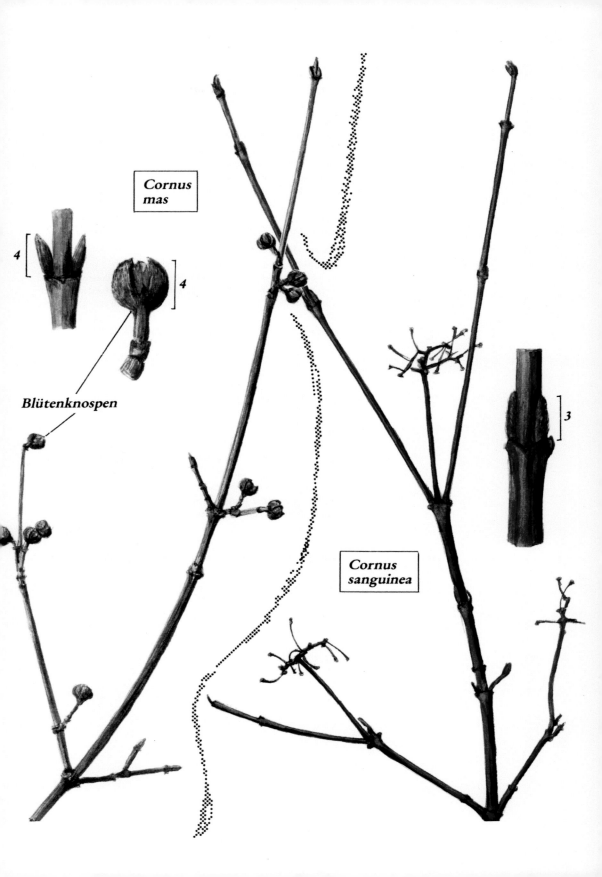

Cornus mas

Blütenknospen

Cornus sanguinea

Corylus avellana L.
(Corylaceae)
– Waldhasel –

Zweige sympodial wachsend, mit zerstreuten, zweizeilig angeordneten Blattnarben, an den Enden rauhhaarig, dickere Haare schwarzbraun (Lupe), teils drüsig, meist abgebrochen. Zweige lichtseits braunocker, schattenseits olivbraun. Lenticellen hellocker, flach-buckelig.

Knospen 4 mm, an der Triebbasis spitz, apikalwärts rund, grün mit rötlichen Schuppenrändern und weißlichen Wimperhaaren. Weibliche Blütenknospen im Frühjahr mit roten Narbenbüscheln.

Blattnarben abgerundet schief dreieckig mit drei undeutlichen Blattspuren. Nebenblattnarben ungleich.

Bis 5 m hoher, einheimischer Strauch. Mehrere Kulturformen sind bekannt. Die Form «Aurea» hat gelbe Zweige, «Pendula» ist eine Hängeform, «Contorta» besitzt Korkzieher-artig gewundene Zweige.

Knospen oft zu Milben-Gallen (*Eriophyes avellana* Nal.) umgebildet, dick angeschwollen.

Corylus colurna L.
(Corylaceae)
– Baumhasel –

Zweige sympodial wachsend, mit zerstreuten, zweizeilig angeordneten Blattnarben, hellocker bis grauocker, an den Spitzen schwach wollig-drüsig behaart. Zweige rund, von längs aufgerissenem Kork uneben. Ältere Zweigabschnitte oft mit Querrissen und schuppiger Außenrinde.
Lenticellen winzig, hell, nur an jüngsten Zweigabschnitten zu erkennen.

Knospen 5 mm, basalwärts kleiner werdend, abstehend, dunkelbraun, an der Spitze weißlich behaart, Basis der inneren Schuppen oft hellgrün.

Blattnarben abgerundet dreieckig, rauhflächig mit einer großen medianen und zwei kleinen lateralen Blattspuren. Nebenblattnarben geschweift, manchmal ungleich gestaltet.

Bis 20 m hoher, in Südost-Europa heimischer Baum.

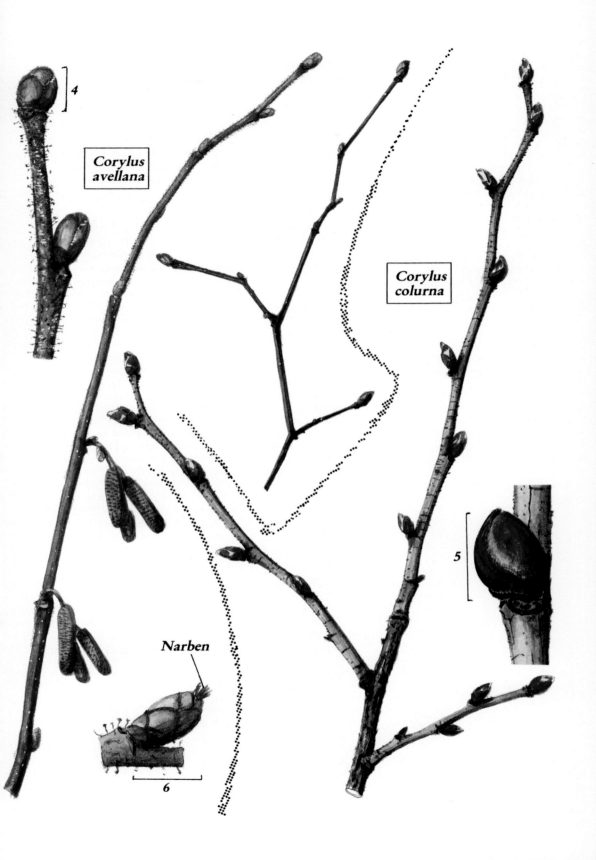

4

Corylus avellana

Corylus colurna

5

Narben

6

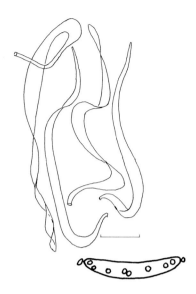

Cydonia oblonga Mill.
(Rosaceae)
– Quitte –

Zweige sympodial wachsend, mit zerstreuten Blattnarben, rotbraun, an der Spitze und um die Knospen wollig behaart. Lenticellen gelblich, warzig und rund. Unterhalb der Knospen zeigen die Langtriebe metallischen Glanz von abgehobener Epidermis. Kurztriebe pfriemlich, selten bedornt.

Knospen rotbraun, 2 mm oder kleiner.

Blattnarben gestreckt-bogig mit mehreren kleinen Blattspuren. Nebenblattnarben klein, schwärzlich. An der Spitze dünner Langtriebe bleiben kleine Blätter mit Nebenblättchen oft in vertrocknetem Zustand erhalten.

Bis 6 m hoher, aus Asien stammender Strauch, dessen großfrüchtige Formen angepflanzt werden.

Crateaegus
(Rosaceae)
– Weißdorn –

Die beiden einheimischen Arten *C. monogyna* Jacqu. (Eingriffeliger Weißdorn) und *C. laevigata* (Poir.) DC. (Zweigriffeliger Weißdorn) sind im blattlosen Zustand selbst dann nicht sicher zu unterscheiden, wenn Früchte vorhanden sind, da die Zahl der Griffel und Samen (ein oder zwei in einer Frucht) variiert. Zusätzlich treten – anscheinend bei beiden Arten – Abweichungen in der Zweigfarbe und Art der Bedornung auf, wie dies auch für den Blattschnitt und die Blattgröße sowie das Vorkommen oder Fehlen von Nebenblättern im Sommer zutrifft.

Zweige sympodial wachsend mit zerstreuten Blattnarben, im 1. Jahr lichtseits rotbraun, schattenseits olivgrün, oft rötlich überlaufen. Lenticellen spärlich, weiß, meist als kurze Längsstriche, aber auch rund ausgebildet, bei olivgrünen Zweigen fehlend. Bei kräftigen Jahrestrieben proleptische Dornbildung mit seitlichen Blütenknospen (vgl. Abb. 9). Zweige des Vorjahrs durch abgehobene Epidermis grau, mit Seitentrieben, die als Kurztriebe mit Endknospe oder Dorn enden. Zuweilen fehlen die Dorntriebe, oder sie sind nur an älteren Ästen ausgebildet.

Knospen eiförmig, glänzend braunrot, oft mit heller Spitze, 3 mm oder kürzer.

Blattnarben schmal bogenförmig mit 3 Blattspuren. Nebenblätter sind – wenn vorhanden – am Blattstiel festgewachsen, sie hinterlassen keine Narben.

Bis 5 m hohe, einheimische Sträucher oder Bäume.

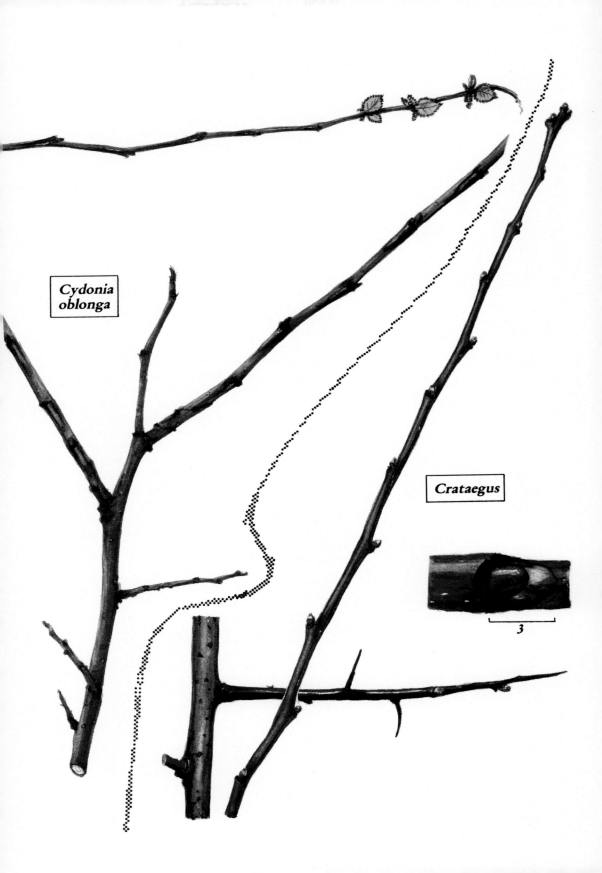

Cydonia oblonga

Crataegus

3

Cytisus scoparius (L.) Link
(Fabaceae)
– Besenginster –

Zweige rutenförmig, steil sympodial wachsend, mit zerstreuten Blattnarben, grün, beim Trocknen schwarz werdend. Zweige stark gerieft bis kantig, manchmal an der Zweigspitze seidig behaart. Lenticellen fehlen.

Knospen 1,2 mm oder kleiner, gelbgrün mit bauchig erweiterten äußeren Schuppen.

Blattnarben winzig, oval mit 1 Blattspur. Keine Nebenblattnarben.

Bis 2 m hoher, auf Sandböden verbreiteter, einheimischer Strauch.

Coronilla emerus L.
(Fabaceae)
– Kronwicke –

Zweige rutenfömig, steil sympodial wachsend, mit zerstreuten Blattnarben. Im 1. Jahr grün, 4kantig. Die Kanten später mit rauher, oft gelbbraun verfärbter Leiste. Gabelig verzweigte Triebe oft mit zwei Knospen am Gabelansatz, dann unterhalb der Gabelung Zweige miteinander verwachsen (Bänderung). Ältere Zweige olivbraun bis graubraun mit hellen Längsstreifen, die durch Risse der Außenrinde hervorgerufen werden (und nicht wie ähnliche Gebilde bei Rhamnus frangula, die gestreckte Lenticellen sind).

Knospen 3 mm, häufig zu zweit nebeneinander und verschieden groß, dicht grau behaart.

Blattnarben kleiner als 1 mm, augenförmig mit einer Blattspur. Nebenblätter bleiben spitz und braun erhalten und decken die Knospe zum Teil ab.

Bis 2 m hoher, einheimischer Strauch.

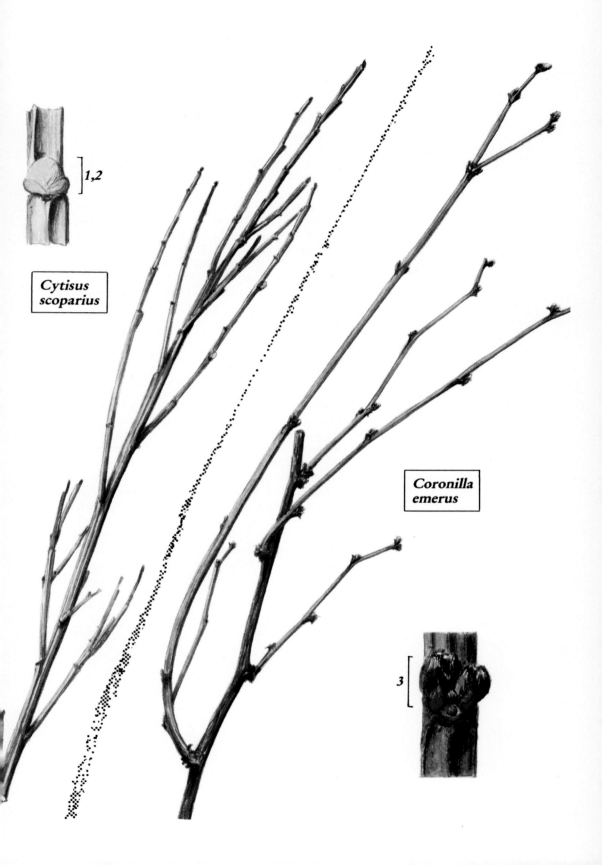

Cytisus scoparius

1,2

Coronilla emerus

3

Cotinus coggygria Scop.
(Anacardiaceae)
– Perückenstrauch –

Zweige sympodial wachsend, mit zerstreuten Blattnarben, oft meterlange einjährige Ruten bildend. Zweige glatt, glänzend, dicht mit hellen Lenticellen besetzt, nach oben zu rot werdend, an der Spitze rotviolett, bereift. Blütenstände in Verlängerung dünner Seitentriebe, reich und vielrispig verzweigt. Die dünnen Rispenäste der sterilen Blüten abstehend behaart.

Knospen 1 mm, pfriemlich, dunkel rotbraun, von 1 Paar Schuppen überdacht, oft Sekret abscheidend, dann stark glänzend oder klebrig.

Blattnarben abgerundet gleichseitig dreieckig mit hellem Rand. 3 Blattspuren. Nebenblattnarben nicht vorhanden. Die Innenrinde riecht nach Möhren.

Bis 8 m hoher, in Südeuropa heimischer Baum mit gelbem Holz.

Daphne mezereum L.
(Thymelaeaceae)
– Seidelbast –

Zweige sympodial wachsend mit zerstreuten Blattnarben, die dicht untereinander stehen. Zweige kahl, aber von Blattkissen stark höckerig, grau bis schwarz, oder gelblich-grauschwarz. Epidermis faserig abgehoben, Lenticellen unauffällig schwarz.

Knospen 7 mm (Blütenknospen), vorwiegend am Zweigende angeordnet, mit roten und grünen Schuppen, violettrote Krone meist schon durchscheinend. Blattknospen in einem endständigen Knospenkomplex zusammenliegend.

Blattnarben augenförmig mit drei dicht beieinander liegenden Blattspuren. Keine Nebenblattnarben sichtbar.

Bis 1,50 m hoher, in einheimischen Laubwäldern vorwiegend auf Kalkböden im Schatten auftretender Strauch.

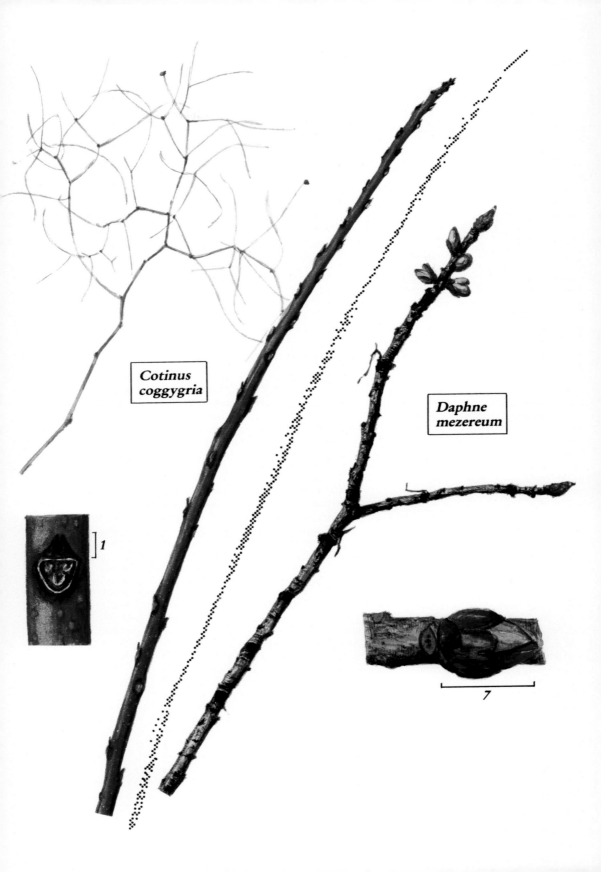

Cotinus
coggygria

Daphne
mezereum

1

7

Euonymus verrucosus Scop.

(Celastraceae)
– Warzen-Spindelstrauch –

Zweige monopodial wachsend, mit dekussierten Blattnarben, blaugrün oder grün, dicht mit runden schwarzen oder dunkelbraunen Korkwarzen besetzt. An älteren Zweigabschnitten nehmen die Warzen unregelmäßige Formen an und erscheinen hellgrau oder braun, wenn sie aufgeplatzt sind. Lenticellen scheinen zu fehlen.

Knospen 5 mm, rotbraun oder rosa. Äußeres Schuppenpaar oft rosa mit dunklem rotbraunen Rand. Innere Schuppen oft grün.

Blattnarben sehr klein, halbkreisförmig ohne erkennbare Blattspuren. Nebenblattnarben fehlen.

Bis 2 m hoher, in Wäldern Ostdeutschlands heimischer Strauch.

Euonymus europaeus L.

(Celastraceae)
– Pfaffenhütchen –

Zweige monopodial wachsend mit dekussierten Blattnarben, grün, vierkantig mit hellbraunen Korkleisten auf den Kanten. Lenticellen fehlen, zuweilen treten vereinzelt Korkwarzen auf. Dünne Zweige sind lichtseits oft rötlich überlaufen.

Knospen 6 mm, grün. Schuppen mit dunkelbraunem Rand, teils zugespitzt, äußere Schuppen oft mit abstehender Spitze.

Blattnarben halbkreisförmig oder flacher, hellbraun mit zentral beieinander liegenden Blattspuren, Nebenblattnarben fehlen.

Bis 7 m hoher, in Wäldern heimischer Baum oder Strauch.

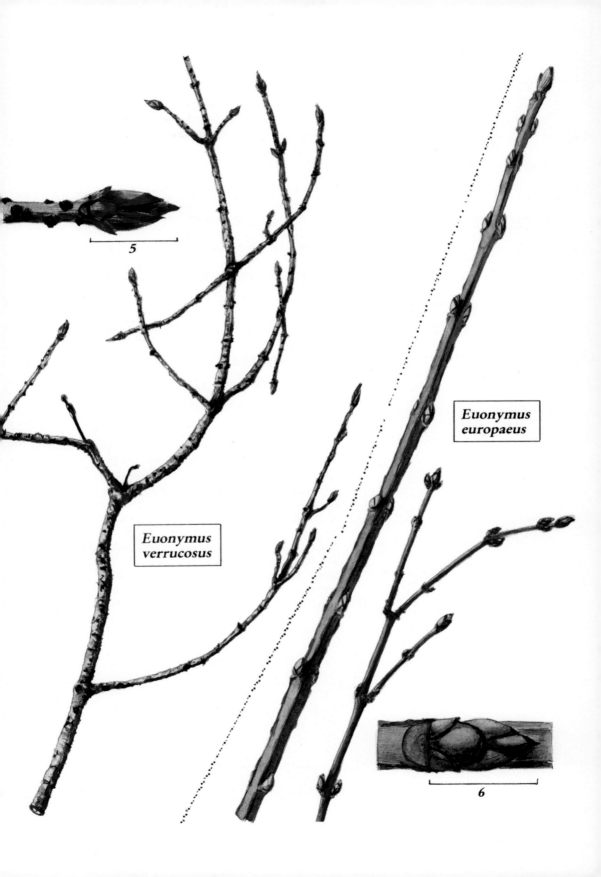

5

Euonymus
europaeus

Euonymus
verrucosus

6

Elaeagnus angustifolia L.
(Elaeagnaceae)
–Schmalblättrige Ölweide –

Zweige sympodial wachsend, mit zerstreuten Blattnarben. Junge Zweige sehr hell, grüngelb, von Schuppenhaaren silbrig, ältere Zweige dunkeloliv, glänzend, mit zahlreichen kleinen Lenticellen. Zweigenden verdorrt, der nächst tiefere Seitenzweig besonders stark ausgebildet. An der Basis älterer Zweige zuweilen stachelige Nebenblätter.

Knospen 2,5 mm, ebenso wie die jungen Zweige silbrig und von Schuppenhaaren bedeckt.

Blattnarben klein, schwarz, halbkreisförmig mit einer Blattspur. Narben von Nebenblättern nur an der Basis der Triebe zu finden.

Bis 7 m hoher, im Orient heimischer Baum.

Fagus sylvatica L.
(Fagaceae)
– Rotbuche –

Zweige monopodial wachsend, mit zerstreuten Blattnarben. Haupttriebe zick-zack-förmig geknickt, zur Spitze hin immer stärker gewinkelt, Seitentriebe aufstrebend. Zweige matt glänzend, kahl, lichtseits rotbraun, schattenseits olivbraun, später grau. Lenticellen anfangs strichförmig längs, später warzig, kaum heller als die Unterlage. Kräftige Zweige an der Spitze grau–wollig behaart.

Knospen 20 mm lang, rotbraun. Knospenschuppen mit weiß bis gelblich behaarten Spitzen. Terminalknospen wenig größer, aber dicker als Seitenknospen (Abb. 3).

Blattnarben klein, seitlich unter den Knospen liegend, halbkreisförmig mit 4 oder mehr undeutlichen Blattspuren. An kurzen Seitentrieben sind vereinzelt noch die trockenen, gestielten, lanzettlichen Nebenblätter des abgefallenen Laubblattes erhalten. Nebenblattnarben nicht sichtbar.

Bis 40 m hoher, einheimischer Baum mit borkenlosem Stamm.

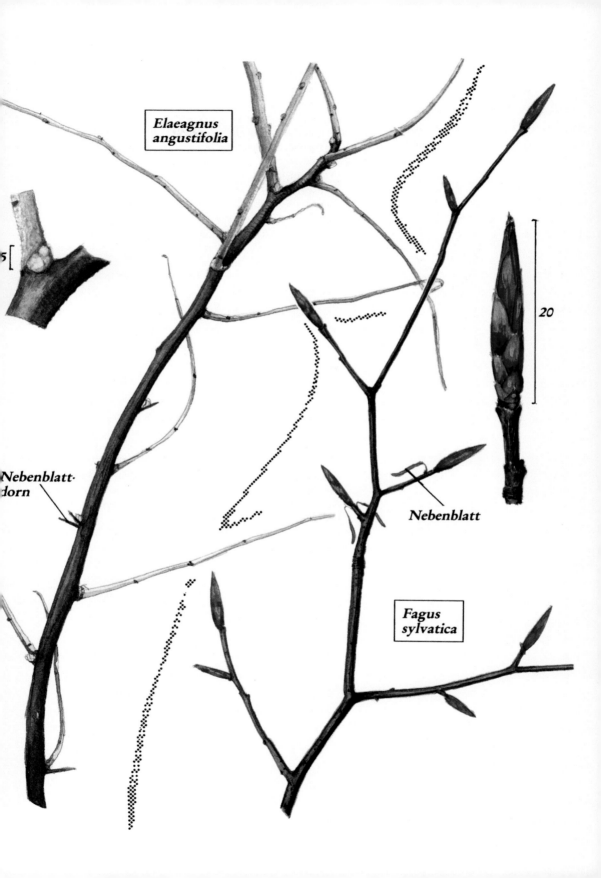

Elaeagnus angustifolia

5[

Nebenblatt-dorn

20

Nebenblatt

Fagus sylvatica

Fraxinus excelsior L.
(Oleaceae)
– Gemeine Esche –

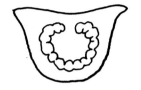

Zweige monopodial wachsend, mit dekussierten Blattnarben, graugrün bis olivgrau, matt glänzend. Blattkissen stark entwickelt. Seitenzweige abschnittsweise (seltener vollständig) zu Kurztrieben gestaucht. Lenticellen hellocker, spindelförmig, längs gerichtet, später hellgrau, warzig und rund.

Knospen 4 mm, Terminalknospen 6 mm, matt schwarz von Drüsenschuppen. Gelegentlich treten seriale Beiknospen auf.

Blattnarben wappenförmig oder flacher, mit hufeisenförmig angeordneten Blattspuren. Keine Nebenblattnarben.

Bis 30 m hoher einheimischer Baum. Mehrere Kulturformen sind bekannt. «Pendula» mit Hängezweigen, «Jaspidea» mit gelben Zweigen.

Fraxinus ornus L.
(Oleaceae)
– Manna-Esche –

Zweige monopodial wachsend, wenn blühend, dichasial, mit dekussierten Blattnarben, graugrün, matt glänzend, kahl. Blattkissen stark entwickelt. Kurztriebe fehlen meist. Lenticellen hellocker, anfangs punktförmig, später warzig.

Knospen 5 mm, Terminalknospen viel größer, 8 mm, Äußere Schuppen mausgrau, stumpf, mit Drüsenschuppen bedeckt. Innere Knospenschuppen mit gelblichen Haaren bedeckt.

Blattnarben wappenförmig oder flacher, mit hufeisenförmig angeordneten Blattspuren. Keine Nebenblattnarben.

Bis 15 m hoher, in Südeuropa heimischer Baum.

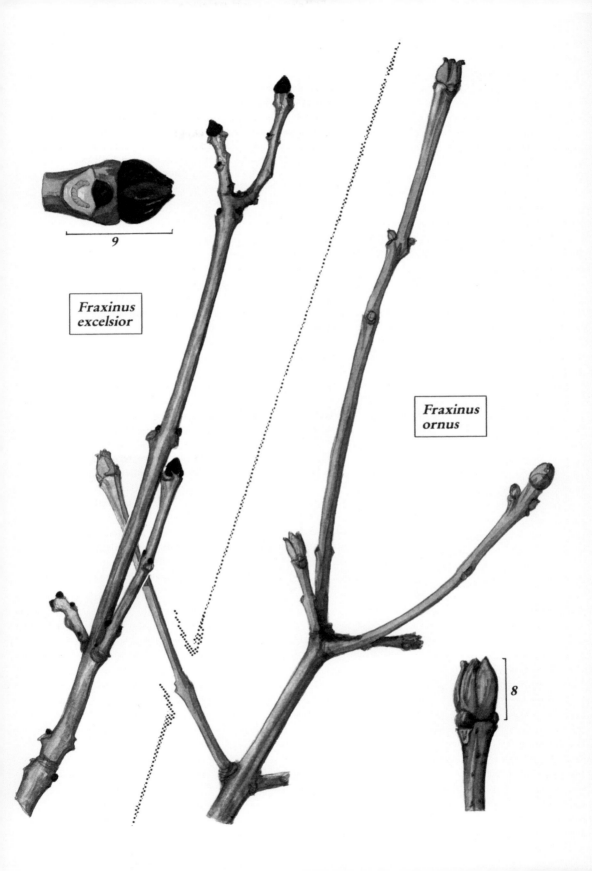

Fraxinus
excelsior

9

Fraxinus
ornus

8

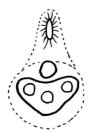

Gleditsia triacanthos L.

(Caesalpiniaceae)
– Amerikanische Gleditschie –

Zweige sympodial wachsend, mit zerstreuten Blattnarben. Junge Zweige glatt, glänzend, fleckig, ocker bis grün, lichtseits rötlich-braun. Zweige schwach behaart, im Knoten stark verdickt. Ältere Zweige grau, mit runden Lenticellen, grauocker bis schwarzgrau, später meist mit Längsspalt. Zweige im 2. Jahr oft verdornt.

Knospen zusammengesetzt: obere (Bei)-Knospe bildet im 2. Jahr den Dorn (Seitensproß), die untere Knospe ist anfangs von der Basis der stark verbreiterten Rhachis verdeckt. Dorn und Achselsproß wachsen abgewinkelt in entgegengesetzten Richtungen.

Blattnarben braungrau mit drei Blattspuren, umgeben von hellbraun gefärbtem Areal, das von der Basis der Rhachis bedeckt war.

Bis 20 m hoher, in Nordamerika heimischer Baum. Die Form «Inerma» bildet keine Dornen.

Ginkgo biloba L.

(Ginkgoaceae)
– Ginkgobaum –

Zweige sympodial wachsend, mit zerstreuten Kurztrieben, grau bis graubraun, unbehaart, matt glänzend. Lenticellen fehlen.

Knospen endständig, sonst nur an den Kurztrieben, braun bis rotbraun, oft glänzend.

Blattnarben an den Kurztrieben dicht gedrängt (wie an einem beschnittenen Palmenstamm!), flach-bogig mit zwei zentral beieinander liegenden Blattspuren.

Bis 30 m hoher, in China heimischer Baum. Die Form «Pendula» besitzt Hängezweige.

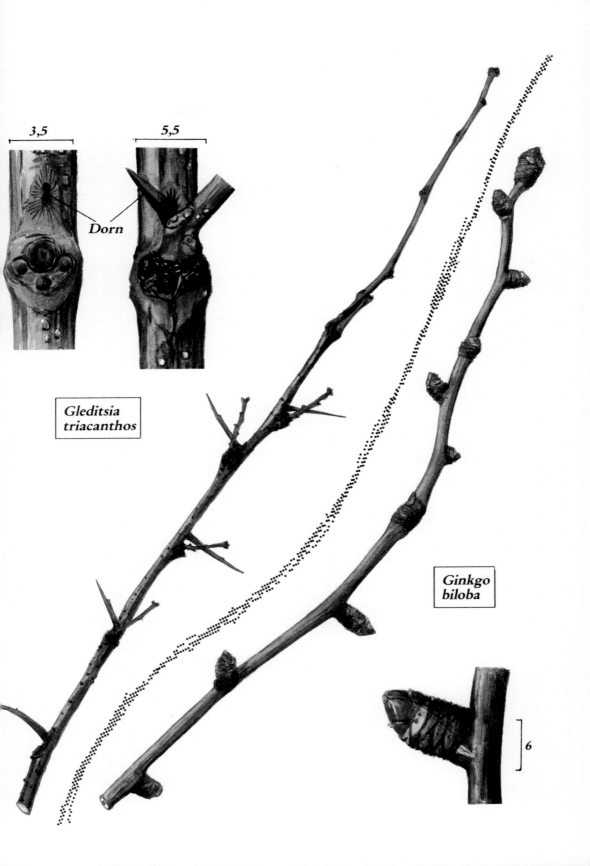

3,5

5,5

Dorn

Gleditsia
triacanthos

Ginkgo
biloba

6

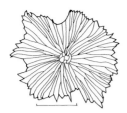

Hippophae rhamnoides L.

(Elaeagnaceae)

– Sanddorn –

Zweige sympodial wachsend mit zerstreuten Blattnarben. Der Endtrieb verdorrt oder endet als Dorn, bei den männlichen Pflanzen von darunter stehenden, blütentragenden Seitentrieben überragt. Zweige lichtseits stumpf grau, schattenseits messingfarben. Seitentriebe dornig endend, zuweilen mit kurzen Seitendornen. Zweige im jungen Zustand allseits von Schildhaaren bedeckt, matt glänzend. Lenticellen nicht vorhanden.

Knospen 3 mm, gold-kupferfarben, matt glänzend, von Schildhaaren bedeckt. Männliche Blütenknospen 6 mm, breiter als der Zweig.

Blattnarben abgerundet halbmondförmig mit nur einer Blattspur. Nebenblattnarben fehlen.

Bis 3 m (ausnahmsweise 10 m) hoher Strauch auf feuchten Sandböden. Diözisch: männliche und weibliche Blüten an verschiedenen Pflanzen. Die Pflanze treibt lange, unterirdische Ausläufer.

Laburnum anagyroides Med.

(Fabaceae)

– Gemeiner Goldregen –

Zweige sympodial wachsend mit zerstreuten Blattnarben, allseits grün mit unregelmäßig verteilten kleinen, quer stehenden, ockerfarbenen Lenticellen. Junge Zweige seidiggrau behaart, Seitenzweige fast stets als Kurztriebe beginnend.

Knospen 4 mm, mit hellgrau seidig behaarten, gekielten Schuppen.

Blattnarben grün, später schwarzgrau, mit zwei kleinen und einer größeren medianen Blattspur. Nebenblätter meist als kurze Pfriemen erhalten.

Bis 8 m hoher, in Südeuropa heimischer Strauch oder Baum.

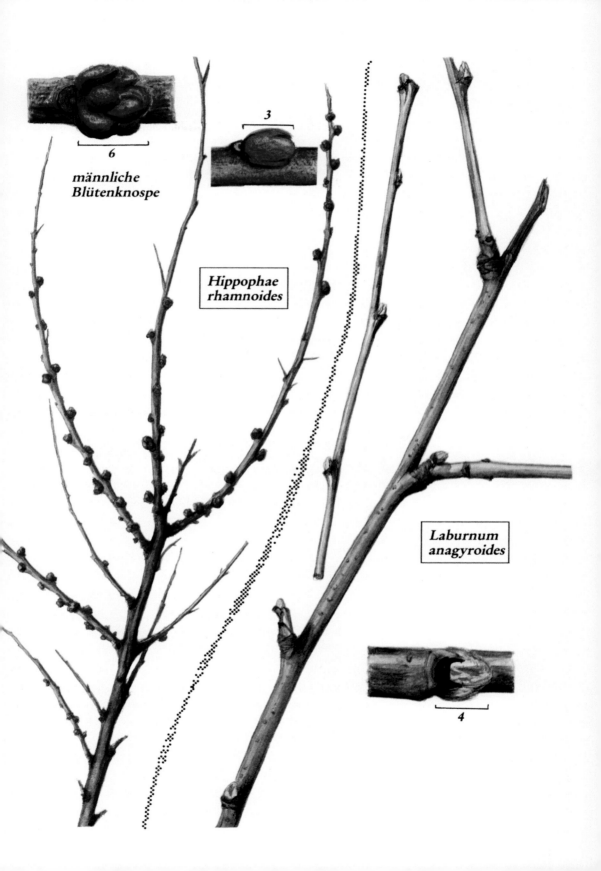

männliche
Blütenknospe

6

3

Hippophae
rhamnoides

Laburnum
anagyroides

4

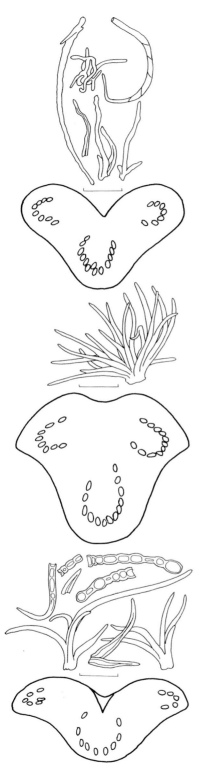

Juglans regia L.
(Juglandaceae)
– Walnuß –

Zweige sympodial wachsend, mit zerstreuten Blattnarben, glänzend, zuerst oliv, später dunkelbraun. Lenticellen hell, zuerst strichförmig längs, später rund.

Knospen 5 mm, mit zwei muschelförmig angeordneten, schwarzrandigen, oft unbehaarten Außenschuppen. Innere Schuppen behaart. Endknospe groß, 8 mm, behaart, graugrün. Beiknospen fehlen.

Blattnarben herzförmig, hellocker mit 3 Blattspurkomplexen.

Bis 25 m hoher, in Südeuropa heimischer Baum. Mehrere Kulturformen sind bekannt, «Praepaturiens» ist strauchförmig, «Pendula» hat Hängezweige.

Juglans cinerea L.
(Juglandaceae)
– Butternuß –

Zweige sympodial wachsend mit zerstreuten Blattnarben, olivgrün, später olivbraun. Zweigspitzen mit Büschelhaaren besetzt, hinter den Knospen teilweise drüsig. Lenticellen hellocker, leicht warzig.

Knospen 7 mm, graugrün, stark behaart, häufig mit serialen Beiknospen, die weit voneinander entfernt stehen.

Blattnarben wappenförmig, hellgrau, mit 3 Blattspurkomplexen.

Bis 25 m hoher Baum aus Nordamerika.

Juglans nigra L.
(Juglandaceae)
– Schwarznuß –

Zweige sympodial wachsend mit zerstreuten Blattnarben, braunoliv, später schwarzbraun. Junge Zweige mit Büschel- und Drüsenhaaren besetzt. Schwacher Geruch nach Myrrhen. Lenticellen klein, zuerst hellbraun, später grau und warzig.

Knospen kugelig, 4 mm, behaart, grau, manchmal rötlichgrau. Selten treten winzige Beiknospen auf.

Blattnarben flügelig mit 3 Blattspurkomplexen.

Bis 30 m hoher, in Nordamerika heimischer Baum.

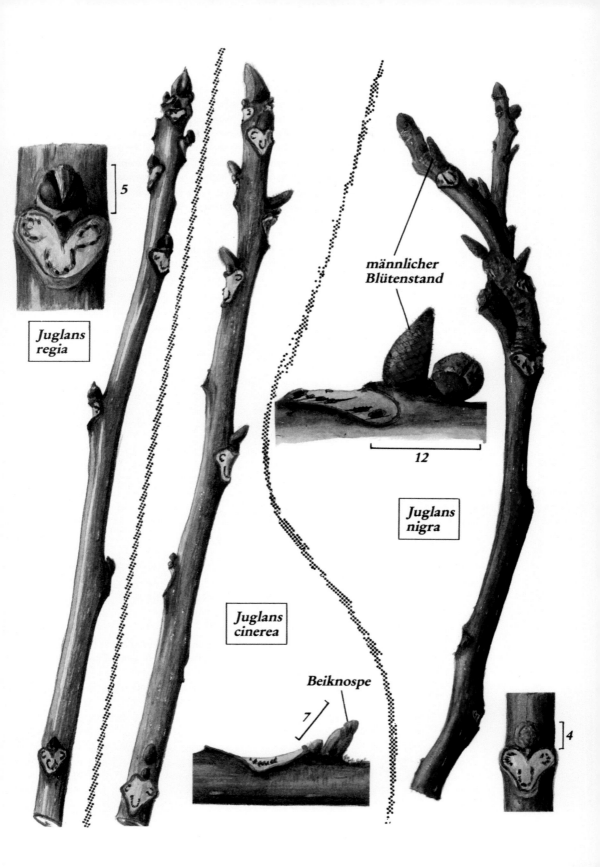

Juglans regia

männlicher Blütenstand

Juglans nigra

Juglans cinerea

Beiknospe

Larix decidua Mill.
(Pinaceae)
– Europäische Lärche –

Zweige monopodial wachsend mit zerstreuten Blattnarben. Junge Zweige gelb, später grau und mit Kurztrieben besetzt. Langtriebe gehen alle aus Kurztrieben hervor.

Knospen braun glänzend. Terminalknospe der Kurztriebe kegelförmig dicht mit kleinen Schuppen bedeckt.

Blattnarben an den Langtrieben rautenförmig, einzeln, 0,3 mm mit einer Blattspur. An den Kurztrieben sind die Blattnarben rundlich, sie liegen dicht gedrängt in einem Kranz um die Endknospe.

Zapfen lang-konisch, rotbraun.
Außenrinde riecht nach Terpentin.

Bis 35 m hoher, einheimischer Nadelbaum. Forma «Pendula» hat herabhängende Zweige.

Larix kaempferi (Lamb.) Carr.
(Pinaceae)
– Japanische Lärche –

Zweige monopodial wachsend mit zerstreuten Blattnarben, kupferrot, ältere Zweigabschnitte mit grauen Rillen zwischen den Blattbasen, Langtriebe an den Zweigenden aus Kurztrieben hervorgehend.

Knospen glänzend dunkelbraun, Terminalknospen der Kurztriebe von einem Kranz gelber Blattnarben umgeben.

Blattnarben rautenförmig, 0,3 mm, gelb mit einer Blattspur.

Zapfen gedrungen konisch.
Außenrinde riecht «parfümiert».

Bis 30 m hoher, aus Japan stammender Nadelbaum. *Larix × eurolepis* Henry = *L. decidua × kaempferi.*

Larix laricina (Du Roi) K. Koch
(Pinaceae)
– Tamarack –

Zweige monopodial wachsend, mit zerstreuten Blattnarben, anfangs hell graubraun, später lichtseits grau. Langtriebe gehen aus Kurztrieben hervor.

Knospen schwarzbraun, glänzend, als Terminalknospen der Kurztriebe von Schuppen umhüllt.

Blattnarben dreieckig, 0,3 mm, mit einer Blattspur.

Zapfen klein, locker-schuppig, rundlich.
Außenrinde hat stark aromatischen Geruch.

Bis 20 m hoher, in Nordamerika heimischer Nadelbaum. *Larix × pendula* Salisb. = *L. decidua × laricina.*

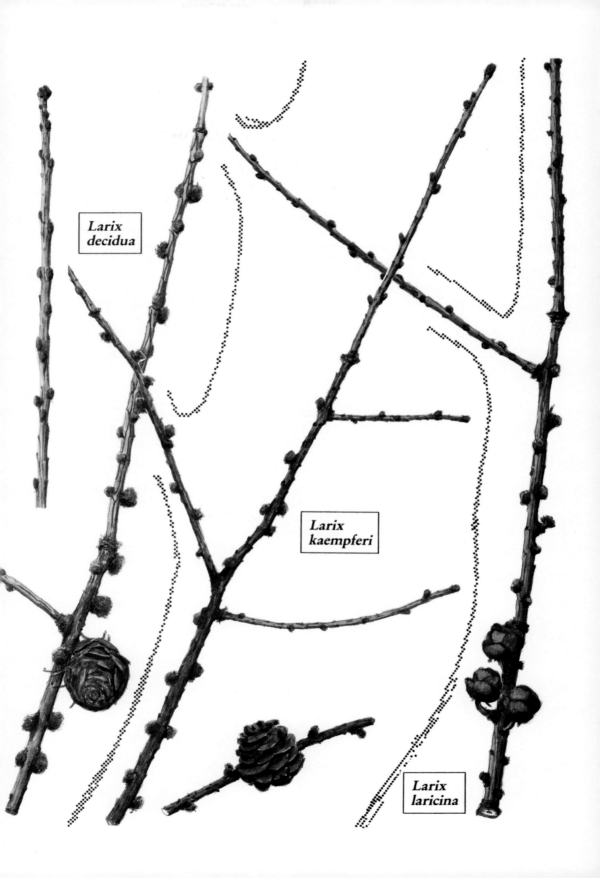

Larix decidua

Larix kaempferi

Larix laricina

Ligustrum vulgare L.
(Oleaceae)
– Gewöhnlicher Liguster – (Rainweide)

Zweige starr aufrecht monopodial wachsend, mit dekussierten Blattnarben, unbehaart, im ersten Jahr grauoliv, später grau und stumpf. Lenticellen buckelig, etwas längs gestreckt, zuerst hellocker, später grau wie der Untergrund. Ältere Zweigrinde durch Risse in der äußeren Korkschicht mehr ins Bräunliche verfärbt.

Knospen grün, 2 mm, mit bauchig erweitertem äußeren Schuppenpaar, das später absteht. Knospenschuppen oft mit violettem Rand. Bei seitlichen Zweigen Knospen der Lichtseite größer als die der Schattenseite.

Blattnarben auf Kissen, halbrund mit 1 Blattspur, zuerst grün, später hellgrau. Keine Nebenblattnarben.
Innenrinde riecht schwach nach Tabak.

Bis 5 m hoher einheimischer Strauch in sonnigen Hanglagen.

Liquidambar styraciflua L.
(Hamamelidaceae)
– Amerikanischer Amberbaum –

Zweige sympodial wachsend, mit zerstreuten Blattnarben, anfangs grün, lichtseits rot überlaufen, längsrillig mit buckeligen, dunklen Lenticellen. Ältere Zweige grau, unregelmäßig längsgerieft bis gefurcht, oft mit Korkleisten.

Knospen grün, rötlich überlaufen, Knospenschuppen mit rotem Rand. Starke Zweige zeigen häufig proleptisch entwickelte kurze Seitentriebe.

Blattnarben abgerundet dreieckig mit 3 großen Blattspuren, zuerst grünlich, später grau. Nebenblattnarben fehlen.
Bis 30 m hoher, in Nordamerika heimischer Baum.

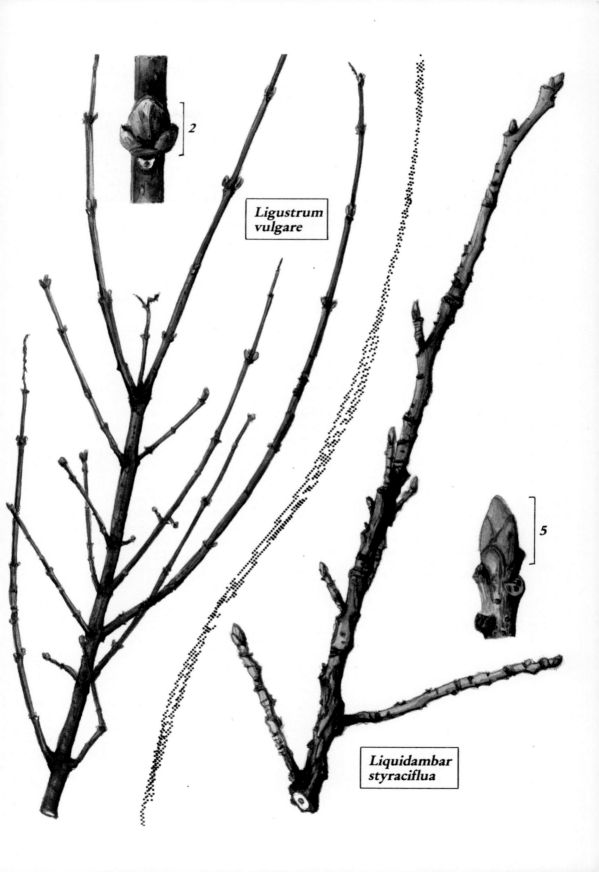

Ligustrum vulgare

2

5

Liquidambar styraciflua

Lonicera periclymenum L.
(Caprifoliaceae)
– Waldgeißblatt –

Zweige windend, monopodial wachsend mit dekussierten Blättern, gelblichgrün, lichtseits rot überlaufen mit rotbraunen Flecken. An den Zweigspitzen treten unterhalb der Knoten weiße Wimperhaare auf. Ältere Zweige zeigen in Streifen angeordnete schwarze Warzenhaare. Alte Zweige mit längs-faserig aufreißender Rinde. Lenticellen fehlen.

Knospen 5–8 mm, geöffnet. Nur 1–2 Knospenschuppenpaare am Grunde. Junge Blätter grün, mit violettem Rand und deutlicher Aderung. Knospen stehen auf konsolenartigem Kissen.

Blattnarben sind nicht vorhanden, die Blätter brechen im Blattstiel ab.

Einheimische Windepflanze in Wäldern.

Lonicera caprifolium L.
(Caprifoliaceae)
– Gartengeißblatt –

Zweige windend, monopodial wachsend, mit dekussierten Blattnarben, glatt glänzend, ocker, lichtseits karminrot, später graustreifig durch abblätternde Epidermis und längs aufreißende Rinde. Junge Zweige mit vereinzelten dunklen Warzenhaaren oder streckenweise drüsig behaart. Seitenzweige oft rechtwinkelig abstehend. Lenticellen fehlen.

Knospen 11 mm, meist geöffnet. Knospenblätter grün, violett überlaufen. Äußere Knospenschuppen gelblichbraun, häutig.

Blattnarben oft durch Reste des Blattstiels verdeckt, bogig mit 3 Blattspuren, die mediane besteht aus einem Leitbündelkomplex. Nebenblattnarben fehlen.

Einheimische Windepflanze in Wäldern.

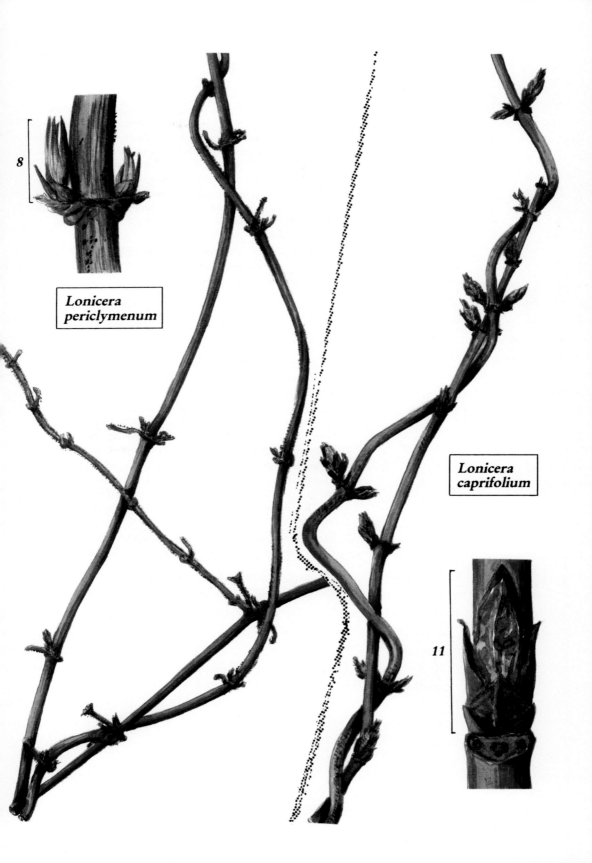

8

Lonicera
periclymenum

Lonicera
caprifolium

11

Lonicera nigra L.
(Caprifoliaceae)
– Schwarze Heckenkirsche –

Zweige sparrig aufrecht monopodial wachsend, mit dekussierten Blattnarben, anfangs seidig glänzend, ocker, lichtseits mit Kupferglanz, später graustreifig durch abblätternde Epidermis und rissige Rinde. Zweige dünn mit kleinen schwarzen Warzenhaaren besetzt. Lenticellen fehlen.

Knospen 4 mm, schräg abstehend, an der Spitze oft grün. Außenschuppen durch abgehobene Epidermis hellgrau, äußerstes Schuppenpaar klein, braun und seitlich stark ausgebaucht. Selten treten winzige collaterale Beiknospen neben der Hauptknospe auf (Abb. 14).

Blattnarben oben gewinkelt, unten bogig, mit 5 sehr kleinen Blattspuren. Nebenblattnarben fehlen.

Bis 1,5 m hoher einheimischer Waldstrauch.

Lonicera xylosteum L.
(Caprifoliaceae)
– Gemeine Heckenkirsche –

Zweige monopodial wachsend, mit zerstreuten Blattnarben, grauocker und fleckig, längsgerieft mit ablösenden Faserbündeln. Keine wesentlichen Farbunterschiede zwischen jungen und alten Zweigen. Lenticellen fehlen.

Knospen 9 mm, an den starken Zweigen fast rechtwinkelig abstehend, mit 2 nach oben kleiner werdenden serialen Beiknospen. Knospenschuppen grau bis hellbraun mit weißen Randhaaren. Äußere Schuppen meist pergamentartig trocken.

Blattnarben konkav-dreieckig mit großer medianer und zwei kleinen lateralen Blattspuren. Nebenblattnarben fehlen.

Die Zweige haben fast immer eine Markhöhle.

Bis 3 m hoher einheimischer Strauch.

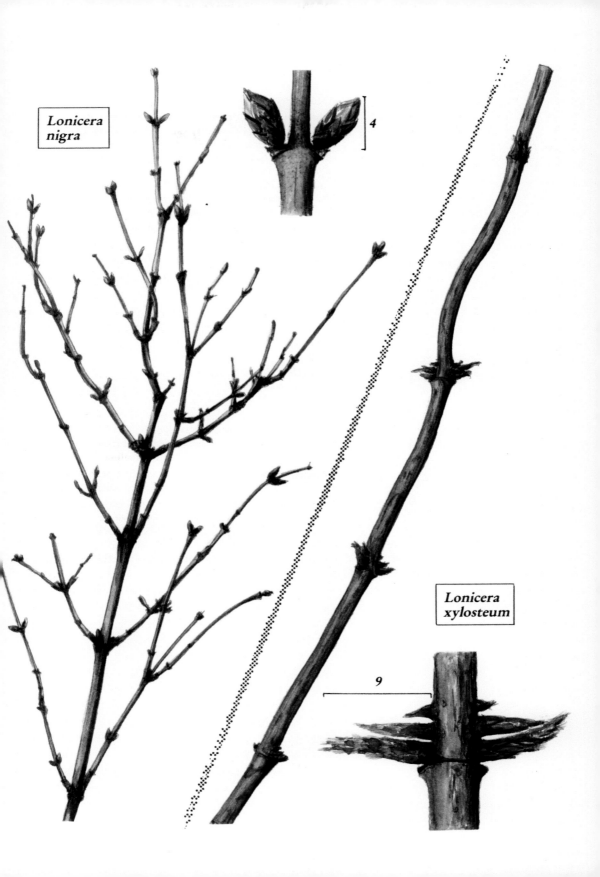

Lonicera nigra

4

Lonicera xylosteum

9

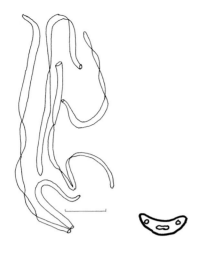

Malus sylvestris (L.) Mill.
(Rosaceae)
– Holzapfel –

Zweige sympodial wachsend mit zerstreuten Blattnarben. Bei aufrechten Zweigen im 2. Jahr auffallend regelmäßige $^2/_5$ Stellung der Seitentriebe. Zweige rotbraun, nur an der Spitze spärlich grau behaart, sonst glänzend, später lichtseits durch abgehobene Epidermis stumpf graubraun, schattenseits rotbraun mit kleinen hellbraunen oder dunkelgrauen Lenticellen. Seitentriebe kurz, dornartig zugespitzt, jedoch fast immer mit kleiner Knospe endend.

Knospen 2 mm, dunkel-rotbraun. Schuppenränder zuweilen weiß glänzend. Endknospen größer und behaart.

Blattnarben sichelförmig mit drei Blattspuren. Keine Nebenblattnarben.

Bis 10 m hoher einheimischer Baum.

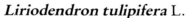

Liriodendron tulipifera L.
(Magnoliaceae)
– Tulpenbaum –

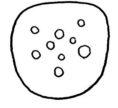

Zweige unregelmäßig geknickt, sympodial wachsend mit zerstreuten Blattnarben, lichtseits rotbraun glänzend, schattenseits heller, oft von abgehobener Epidermis grau. Lenticellen reichlich vorhanden, weiß, punktförmig.

Knospen 10 mm, abgeflacht rot bis schokoladebraun mit zwei gerieften Klappenschuppen (spätere Nebenblätter).

Blattnarben fast rund mit 5 oder mehr Blattspuren, die über die Fläche der Blattnarbe verteilt sind. Die Oberkante der Blattnarbe grenzt an einen zweigumfassenden Saum, der die Nebenblattnarben darstellt.

Außenrinde hat stark aromatischen, leicht seifigen Geruch.

Bis 20 m hoher aus Nordamerika stammender Baum.

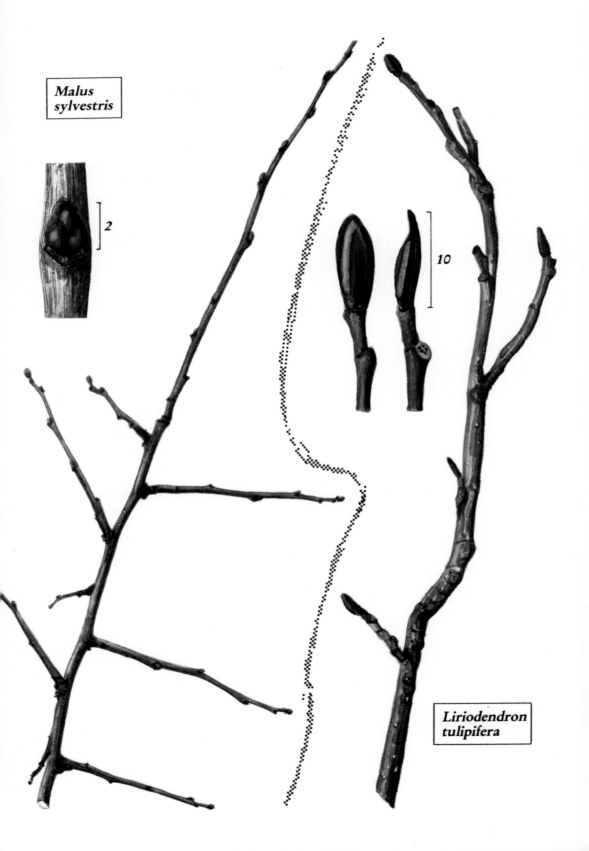

Malus sylvestris

2

10

Liriodendron tulipifera

Taxodium distichum (L.) L. C. M. Rich.
(Taxodiaceae)
– Sumpfzypresse –

Zweige monopodial wachsend mit zerstreuten Blatt- und Zweignarben. Endtrieb verdorrt und fällt später ab. Meist treiben an seiner Stelle zwei gipfelnahe Seitentriebe lang aus, so daß ein Dichasium entsteht. Junge Zweige stumpf, rotbraun, ältere Zweige schwarzgrau gestreift bis faserig durch ablösende Epidermis und primäre Rinde, Lenticellen fehlen.

Knospen verborgen, meist in der Blattachsel als Buckel angedeutet.

Blattnarben winzig klein, sichelförmig, Zweigabbruchstellen hellocker, 'rund kraterförmig erhaben mit zentraler Zweigspur.

Bis 30 m hoher in Nordamerika heimischer Nadelbaum.

Metasequoia glyptostroboides
Hu et Cheng.
(Taxodiaceae)
– Chinesisches Rotholz –

Zweige monopodial wachsend, häufig jedoch durch Verkümmern der Terminalknospe dichasial verzweigt. Blatt- und Zweignarben .dekussiert bis wirtelig angeordnet. Junge Zweige rotbraun, schattenseits gelbbraun, später durch abfasernde Epidermis und primäre Rinde graubraun. Lenticellen fehlen.

Knospen kurz gestielt, fast rechtwinkelig abstehend, 2,5 mm, hellbraun, dekussiert oder wirtelig angeordnet. Knospenschuppen in 4 dekussierten Lagen.

Blattnarben sehr klein, dünn-winkelig. Zweignarben deutlich hellgrau, meist rundlich und über oder neben einer Knospe liegend.

Bis 18 m hoher, in China heimischer Nadelbaum.

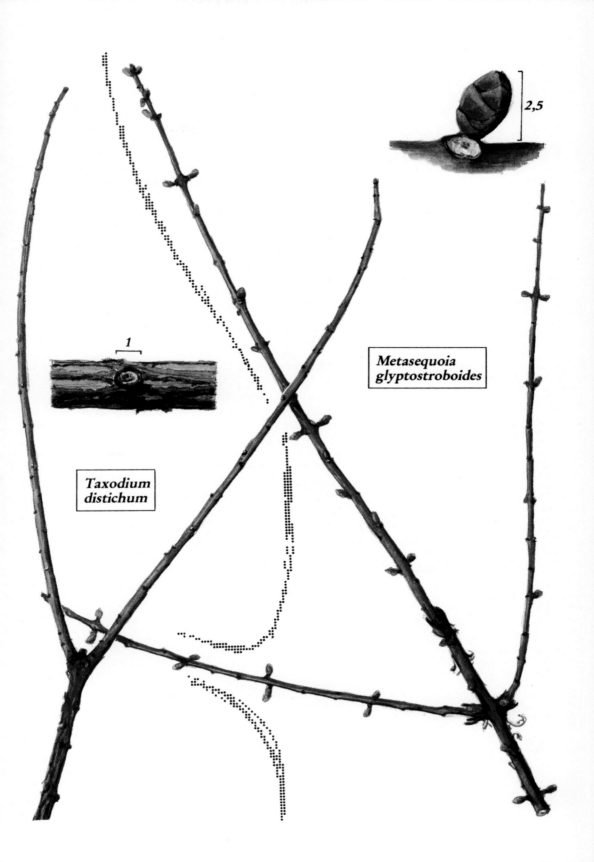

2,5

1

Metasequoia glyptostroboides

Taxodium distichum

Nothofagus antarctica
(G. Forst.) Oerst.
(Fagaceae)
– Südbuche –

Zweige sympodial wachsend mit zerstreuten, annähernd zweizeilig angeordneten Blattnarben, lichtseits kaffeebraun, schattenseits olivbraun mit auffallend weißen, großen, anfangs längs, später quer gestellten Lenticellen. Junge Zweige kurz behaart, später matt glänzend, oft von abgehobener Epidermis weißgrau getönt.

Knospen 2,5 mm, rotbraun, leicht abgeflacht schief zur Lichtseite gekrümmt, an die Zweige angepreßt.

Blattnarben klein, mit einer Blattspur. Nebenblattnarben kommaförmig.

Strauchig bleibender, in seiner Heimat Südchile bis 30 m hoher Baum.

Morus alba L.
(Moraceae)
– Weißer Maulbeerbaum –

Zweige sympodial wachsend, mit zerstreuten Blattnarben auf breitem Kissen, oliv, schattenseits grün, später graugrün, bereits im 1. Jahr von abblätternder Epidermis unregelmäßig gefranst. Seitentriebe oft als Kurztriebe beginnend. Lenticellen verstreut, hellbraun, warzig.

Knospen 2,5 mm, grün mit braun-gerändterten Schuppen, seitlich etwas verschoben über den schief angeordneten Blattnarben sitzend.

Blattnarben abgerundet halbmondförmig mit breitem Wulstrand und mehreren zentral angeordneten Blattspuren.

Bis 15 m hoher, ursprünglich in China beheimateter Baum. Mehrere Kulturformen sind bekannt.

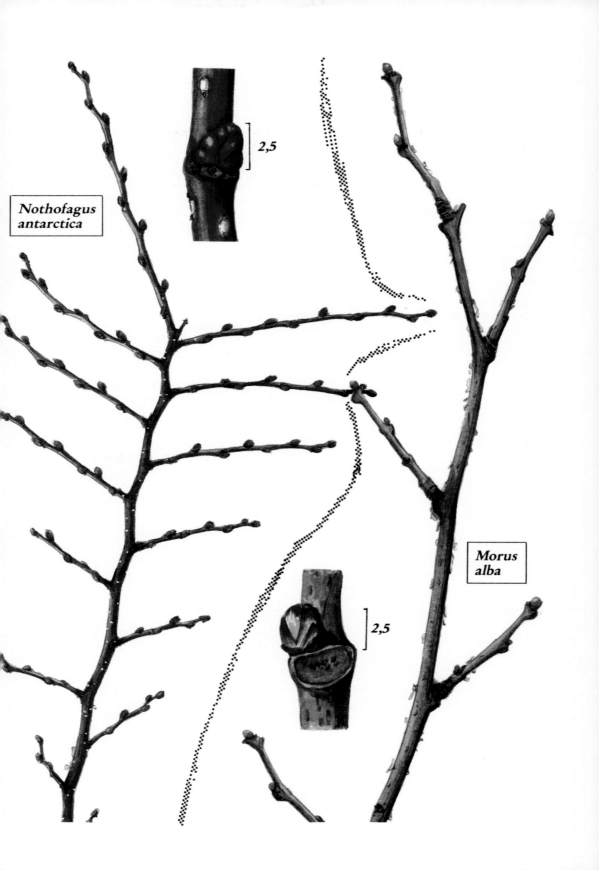

Nothofagus
antarctica

2,5

Morus
alba

2,5

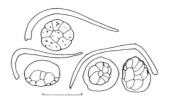

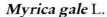

Myrica gale L.

(Myricaceae)
– Torf-Gagelstrauch – (Brabanter Myrte) –

Zweige sympodial wachsend mit zerstreuten Blattnarben. Der Endtrieb vertrocknet meistens. Zweige rotbraun oder von abgehobener Epidermis grau mit deutlich sichtbaren weißen oder hellgrauen, quer gestellten Lenticellen. Zweigspitzen wollig behaart und mit gelben Drüsen besetzt, die beim Abreiben stark aromatisch duften. An der Basis der Seitenzweige sind 2 bis 3 rotbraune Knospenschuppen erhalten.

Knospen weniger als 1 mm lang, rotbraun. Männliche Blütenkätzchen, 9–12 mm lang, sind fast immer reichlich vorhanden. Sie glänzen rotbraun und sitzen an den Zweigenden. Ihre Schuppenblätter haben einen hellen Rand und sind mit kurzen Wimperhaaren besetzt.

Blattnarben halbrund mit drei Blattspuren. Nebenblattnarben fehlen.

Bis 1,25 m hoher einheimischer Strauch.

Myrica gale

10

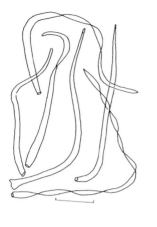

Mespilus germanica L.

(Rosaceae)
– Mispel –

Zweige rund, schwach längsriefig, sympodial wachsend, mit zerstreuten, am Zweigende dicht aufeinander folgenden Blattnarben, lichtseits rotbraun bis rotviolett, schattenseits olivgrün. Anfangs stark wollig behaart, im 2. Jahr kahl, durch abgehobene Epidermis stellenweise metallisch glänzend. Vereinzelte Kurztriebe im oberen Zweigabschnitt. Lenticellen zuerst hell, spindelförmig, aufgebrochen, später warzig, braun.

Knospen 2 mm, unauffällig, an der Basis des Jahrestriebes zweigbündig (ohne Kissen), rotbraun bis rotviolett. Schuppen am Rande hell bewimpert. Endknospe von zwei auf gleicher Höhe stehenden Knospen flankiert.

Blattnarben bogig ausgerandet mit 3 Blattspuren. Die Blattnarben sind im zweiten Jahr nur noch als braune Querstriche sichtbar. Nebenblattnarben fehlen.

Bis 5 m hoher, in Südeuropa heimischer Strauch oder Baum.

Platanus occidentalis L.

(Platanaceae)
– Amerikanische Platane –

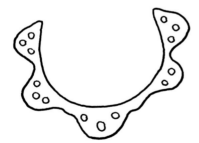

Zweige rund, kahl, matt glänzend, sympodial wachsend, zick-zack-förmig geknickt, mit zerstreuten Blattnarben. Anfangs grün, lichtseits rot überlaufen, später braun mit helleren, grauen Längsstreifen durch rissig abhebende Epidermis. Lenticellen zahlreich, klein, hellocker bis rotbraun.

Knospen entwickeln sich innerhalb der trichterförmig erweiterten Blattstielbasis. Freie Knospen 9 mm, allseits von «roter Mütze» (Knospenhaube aus einer Schuppe) bedeckt. Innere Schuppenblätter rot behaart. Die Endknospe stirbt meistens ab.

Blattnarben hufeisenförmig mit mindestens 5 Ausbuchtungen und zahlreichen Blattspuren, in schmalen, den Stengel umfassenden Saum übergehend.

Bis 40 m hoher, im östlichen Nordamerika heimischer Baum.

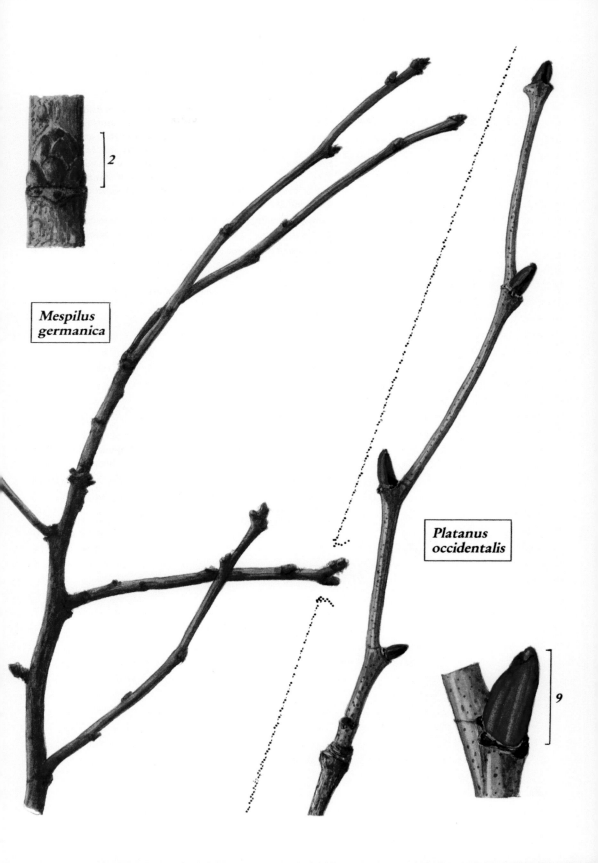

2

Mespilus germanica

Platanus occidentalis

9

Philadelphus coronarius L.

(Saxifragaceae)

– Gewöhnlicher Pfeifenstrauch – (Falscher Jasmin)

Zweige monopodial wachsend mit dekussierten Blattnarben, aber gewöhnlich ohne sichtbare Knospen. Junge Zweige rotbraun, vielfach als rutenförmig aufrechte Wasserreiser (vgl. Abb. 6) ausgebildet, die lange Internodien besitzen und meist heller gefärbt sind und feine, braune Längsstreifen (Lupe) haben. Ältere Zweige grau, mit hellbraun abblätternder primärer Rinde, später mit längsrissiger Außenrinde. Lenticellen fehlen.

Knospen völlig unter den Blattnarben versenkt, beim Aufbrechen (Abb. 12) zuerst grünlich und filzig behaart.

Blattnarben wappenförmig mit drei deutlichen Blattspuren. Beide Blattnarben eines Knotens stehen durch stengelumfassenden Saum in Verbindung.

Bis 3 m hoher, in Südosteuropa heimischer Baum.

Populus alba L.

(Salicaceae)

– Silberpappel –

Zweige monopodial wachsend, mit zerstreuten Blattnarben, weißgrau filzig behaart, stellenweise durch Abrieb kahl, rutenförmig, schwach zick-zack-förmig geknickt. Lenticellen spärlich rund, warzig, hellbraun. Zweige später dunkel graubraun mit aufwärts gebogenen Kurztrieben besetzt.

Knospen 4 mm, hellbraun, teilweise wollig weiß behaart.

Blattnarben abgerundet dreieckig, mit schüsselförmig eingesenktem oberen Rand und vielen Blattspuren, zuerst hellocker, später braunschwarz.

Bis 30 m hoher einheimischer Baum.

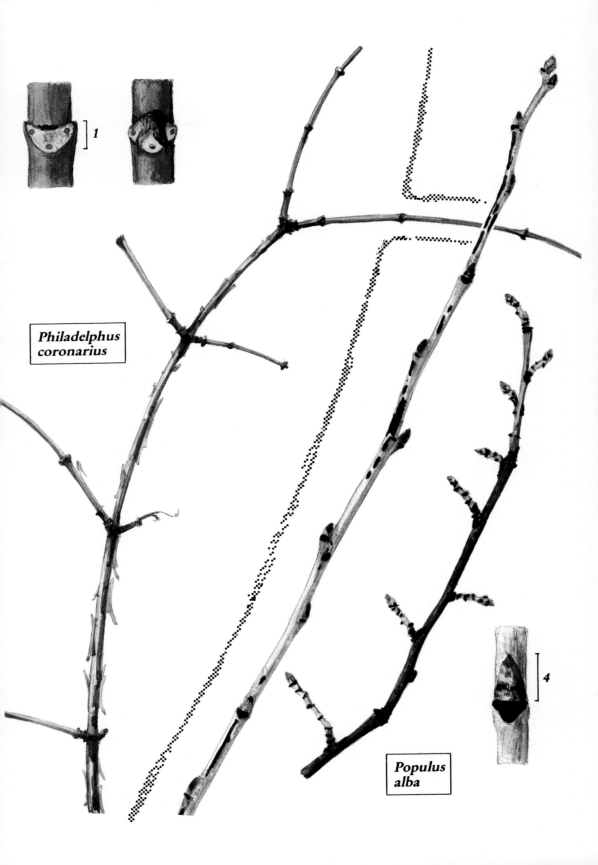

Philadelphus coronarius

Populus alba

Populus × *canadensis* Moench.

(Salicaceae)

– Kanadische Pappel –

Zweige monopodial wachsend, mit zerstreuten Blattnarben, im oberen Abschnitt abgerundet kantig, grünocker, kahl. Lenticellen glänzend hell, spindelförmig bis strichförmig. Im zweiten Jahr Kurztriebe, die aufwärts gekrümmt sind.

Knospen 7 mm, Terminalknospe 12 mm, im Herbst oft von Knospenleim klebrig, Knospenspitze abstehend.

Blattnarben abgerundet dreieckig mit 3 Blattspurkomplexen. Nebenblattnarben S-förmig, schmal.

Bis 30 m hoher, vielfach kultivierter Baum.

Populus nigra L.

(Salicaceae)

– Schwarzpappel –

Zweige monopodial wachsend, mit zerstreuten Blattnarben, rund, glatt, glänzend, zuweilen an der Spitze behaart, gelbbraun, später hellgrau und mit aufwärts gekrümmten Kurztrieben. Lenticellen nicht zu erkennen. Rinde im zweiten Jahr häufig rissig.

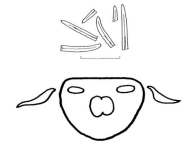

Knospen 6 mm, Terminalknospe 12 mm, mit abstehenden, glänzend braunen Spitzen. Knospen während der Absonderung von Knospenleim stark duftend.

Blattnarben hellocker, später schwarz, mit 3 Blattspuren. Nebenblattnarben S-förmig.

Bis 30 m hoher einheimischer Baum. Die als Forma «Italica» auftretende Säulenpappel kann höher werden.

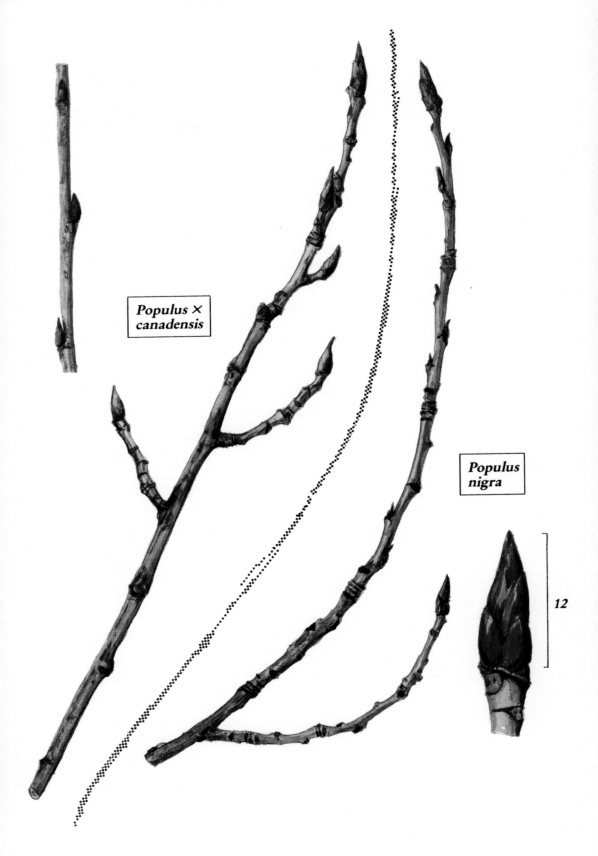

Populus ×
canadensis

Populus
nigra

12

Populus tremula L.

(Salicaceae)

– Zitterpappel –

Zweige monopodial wachsend mit zerstreuten Blattnarben, an der Spitze lackartig glänzend, olivbraun, schattenseits nur wenig heller. Ältere Zweigabschnitte stumpf graugrün, mit Kurztrieben besetzt. Lenticellen verstreut, hellbraun oder weißlich, strichförmig, später braun oder grau und warzigrund.

Knospen 6 mm. Terminalknospe 8 mm, stark glänzend braun, an der Spitze kaffeebraun. Wimperrand der äußeren Schuppen durch verhärtendes Sekret verklebt. Blütenknospen eiförmig-kugelig.

Blattnarben auf Kissen, ocker, später grauschwarz, breit herzförmig mit drei Blattspurkomplexen. Nebenblattnarben fast sichelförmig.

Bis 30 m hoher einheimischer Baum. Die Form «Pendula» hat abwärts gerichtete Zweige.

Populus deltoides Bartr.

(Salicaceae)

– Kanadische Schwarzpappel –

Zweige monopodial wachsend, lang rutenförmig mit zerstreuten Blattnarben. Junge Zweige rund, glänzend, lichtseits oliv und rot überlaufen, schattenseits grün, später grauoliv, schwach längsrippig. Lenticellen zuerst hellocker gefärbte Längsstriche, später hellgrau.

Knospen 3 mm, grün mit braun glänzender Spitze, dem Zweig angepreßt, Terminalknospe 4 mm, rot. Außenschuppen bauchig erweitert, manchmal am Grunde behaart.

Blattnarben groß, wappenförmig mit drei Blattspurkomplexen. Annähernd zweigbündig, Nebenblattnarben schmal, sichelartig aufwärts gebogen.

Bis 30 m hoher, in Nordamerika heimischer Baum.

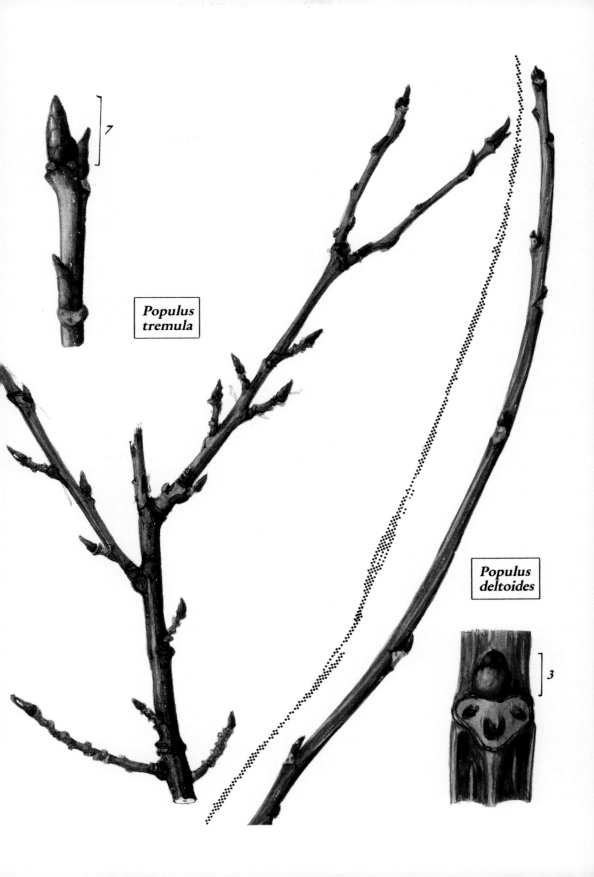

Populus
tremula

7

Populus
deltoides

3

Prunus mahaleb L.

(Rosaceae)

– Steinweichsel –

Zweige rutenförmig lang, sympodial wachsend, mit zerstreuten Blattnarben, nur an der Spitze kurz behaart. Zweige lichtseits oliv, an den Spitzen violettrot überlaufen, schattenseits grün. Kurze Zweige stumpf, grau-wollig behaart, später dunkelgrau durch abgehobene Epidermis und mit Kurztrieben besetzt. Es gibt jedoch Übergänge zwischen Kurz- und Langtrieben. Alle Triebe sind gerade. Lenticellen hellocker, unregelmäßig verteilt, teils zu Korkinseln zusammenfließend, nur im älteren Zweigbereich typisch rundlich und buckelig. Innenrinde riecht nach Cumarin.

Knospen 3 mm, stumpf zugespitzt, kaum Größenunterschiede. Schuppen braunrot mit hellem Rand.

Blattnarben augenförmig mit deutlicher medianer und schwachen lateralen Blattspuren. Nebenblattnarben fehlen.

Bis 10 m hoher einheimischer Baum oder Strauch.

Prunus avium L.

(Rosaceae)

– Süßkirsche – (Vogelkirsche)

Zweige sympodial wachsend mit zerstreuten Blattnarben, kahl, im Anfang graugrün, später von abblätternder Epidermis grau mit braunem Untergrund. Ältere Zweige allseits braun. Lenticellen hell, quer gestellt.

Knospen 8 mm, braun, mit vielen Schuppen. Endknospe nicht größer als tiefer stehende Knospen. Knospen an der Basis des Triebs gehäuft, jedoch meist kleiner oder verkümmert. An älteren Zweigabschnitten treten Knospen nur an Kurztrieben und gehäuft auf.

Blattnarben abgerundet dreieckig mit drei Blattspuren, von denen die mediane größer ist. Nebenblattnarben sehr klein, keilförmig.

Bis 20 m hoher einheimischer Baum.

Prunus
mahaleb

3

Prunus
avium

8

Prunus serotina Ehrh.
(Rosaceae)
– Spätblühende Traubenkirsche –

Zweige sympodial wachsend mit zerstreuten Blattnarben, zuerst rotbraun, schattenseits heller olivbraun. Internodien werden zur Spitze hin immer kürzer. Lenticellen weiß, verschieden groß, später warzig mit hellgrauem Hof, der durch abgehobene Epidermis gebildet wird. Ältere Zweige durch abgehobene Epidermis grau, vor allem an der Lichtseite. Zweige im zweiten Jahr rot bis violettbraun mit weißlichen, quer gestellten Lenticellen. Innere Rinde riecht unangenehm nach Würze.

Knospen 3,5 mm, rundlich, rotbraun. Die beiden äußeren Schuppen bauchig aufgetrieben. Schuppenrand dunkelbraun oder Schuppen dunkelbraun gebändert.

Blattnarben augenförmig mit nur einer deutlichen Blattspur. Nebenblattnarben sehr schmal, keilförmig.

Bis 15 m hoher, in Nordamerika heimischer Baum.

Prunus padus L.
(Rosaceae)
– Traubenkirsche –

Zweige sympodial wachsend, mit zerstreuten Blattnarben, kahl, nur an den Spitzen kurz behaart. Zweigspitzen mit zwei dicht untereinanderstehenden Knospen, lichtseits braun bis rotbraun, schattenseits grünocker. Lenticellen oben weißlich, längs angeordnet, später quergestellt und warzig. Ältere Zweige dunkelbraun bis schwarzbraun, streckenweise von abgehobener Epidermis grau übertönt. Kurztriebe treten im 2. Jahr auf.

Knospen 7 mm, Infloreszenzknospen 8 mm, fast stachelspitzig, braun. Schuppen zuweilen mit deutlicher Mittelrippe, an der Spitze gekerbt, Schuppenrand oft heller.

Blattnarben abgerundet dreieckig mit drei Blattspuren. Nebenblattnarben keilförmig.

Bis 15 m hoher einheimischer Baum.

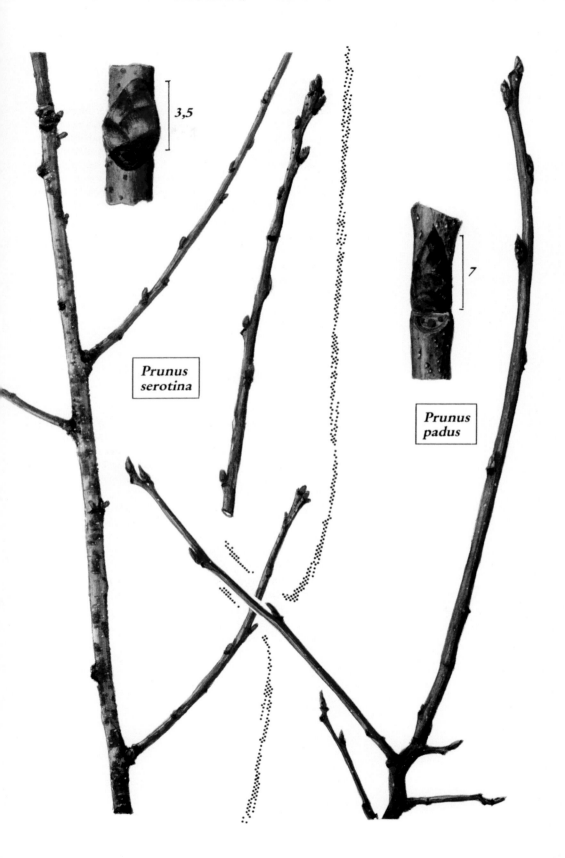

3,5

Prunus serotina

Prunus padus

7

Prunus spinosa L.

(Rosaceae)
– Schlehe – (Schwarzdorn)

Zweige sympodial wachsend mit zerstreuten Blattnarben, anfangs lichtseits rotviolett, schattenseits olivbraun, schwach längs gerieft, glänzend, nur an der Spitze und hinter den Knospen behaart. Ältere Zweige mit sparrig abstehenden Seitentrieben, die dornig enden. Kürzere Dornen stehen oft rechtwinkelig ab. Ältere Zweige streckenweise von abgehobener Epidermis grau, später schokoladebraun, schattenseits olivbraun. Lenticellen spärlich, grau bis ocker, rundlich.

Knospen klein, meist unter 1 mm, mit schwach behaarten rotbraunen Schuppen. Im Spätwinter werden die Laubknospen oft von zwei Blütenknospen flankiert.

Blattnarben klein, schüssel- oder linsenförmig, mit drei Blattspuren. Nebenblattnarben fehlen.

Bis 3 m hoher einheimischer Strauch.

Pyrus communis L.

(Rosaceae)
– Holzbirne –

Zweige sympodial wachsend mit zerstreuten Blattnarben, kahl, schwach glänzend, braunocker bis rötlichbraun, allseits fast gleich getönt. Epidermis bleibt lange erhalten. Lenticellen spärlich, rund, kaum farblich abgehoben, nur an jüngsten Zweigen heller. Seitentriebe im dritten Jahr zum Teil dornig endend.

Knospen 4 mm, rötlichbraun, spitz zulaufend, mit dünnen, ausgefransten Schuppen, oft durch abgehobene Epidermis weiß. Bei Kurztrieben sind die unteren Knospen verkümmert oder abgeworfen, nur die oberste bleibt als Endknospe erhalten (Abb. 8).

Blattnarben schwarz, klein, mit drei fast gleichgroßen Blattspuren. Nebenblattnarben fehlen.

Bis 20 m hoher einheimischer Baum.

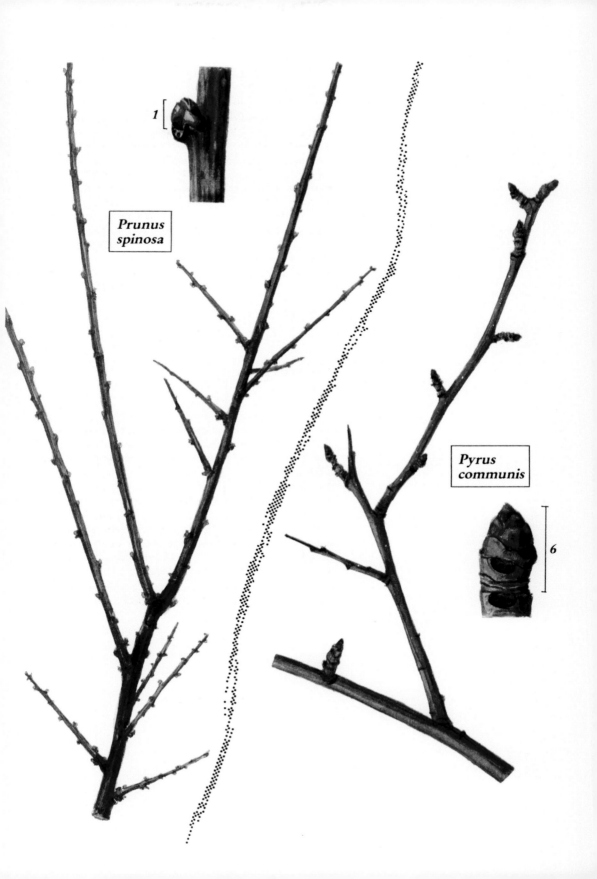

1

Prunus spinosa

Pyrus communis

6

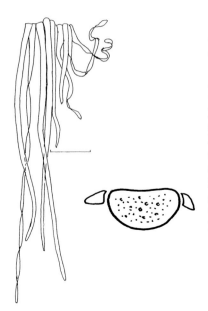

Quercus petraea (Matt.) Liebl.

(Fagaceae)

– Steineiche – (Traubeneiche)

Zweige monopodial wachsend mit zerstreuten Blattnarben, anfangs graugrün, später graubraun mit ablösender, pergamentener Epidermis. Lenticellen warzig, hellocker bis grau.

Knospen 7 mm, kompakt, zugespitzt, mit zahlreichen dicht angepreßten Schuppen in 5 bis 6 Reihen übereinander. Knospen stumpf, hell zimtbraun. Schuppenränder dunkler, mit langen Wimperhaaren (siehe Skizze). Knospen am Triebende 9 mm, gehäuft, mit kleineren collateralen Beiknospen.

Blattnarben abgerundet dreieckig, meist schief auf Kissen stehend, keine deutlichen Blattspuren. Nebenblattnarben tropfenförmig.

Bis 40 m hoher einheimischer Baum.

Quercus robur L.

(Fagaceae)

– Stieleiche –

Zweige monopodial wachsend mit zerstreuten Blattnarben, anfangs oliv und stellenweise violett überlaufen oder braunoliv, oft durch abgestorbene Epidermis hellgrau mit schwach lila Tönung, später braunoliv. Lenticellen warzig, hellocker, später braun.

Knospen 3,5 mm, kuppelförmig zugespitzt, mit vielen dicht angepreßten Knospenschuppen in 4 bis 5 Reihen übereinander. Knospen zimtbraun, Schuppen mit sehr schmalem dunklen Rand und Wimperhaaren. Knospen an den Triebenden gehäuft. Terminalknospe größer als tieferstehende Knospen, 5,5 bis 7 mm (vgl. Abb. 5). Beiknospen selten, wenn vorhanden, dann serial und klein.

Blattnarben abgerundet dreieckig mit eingebuchtetem oberen Rand. Blattspuren undeutlich. Nebenblattnarben nur bei den unteren Blattnarben des Triebs.

Bis 50 m hoher einheimischer Baum. Zahlreiche Formen sind bekannt.

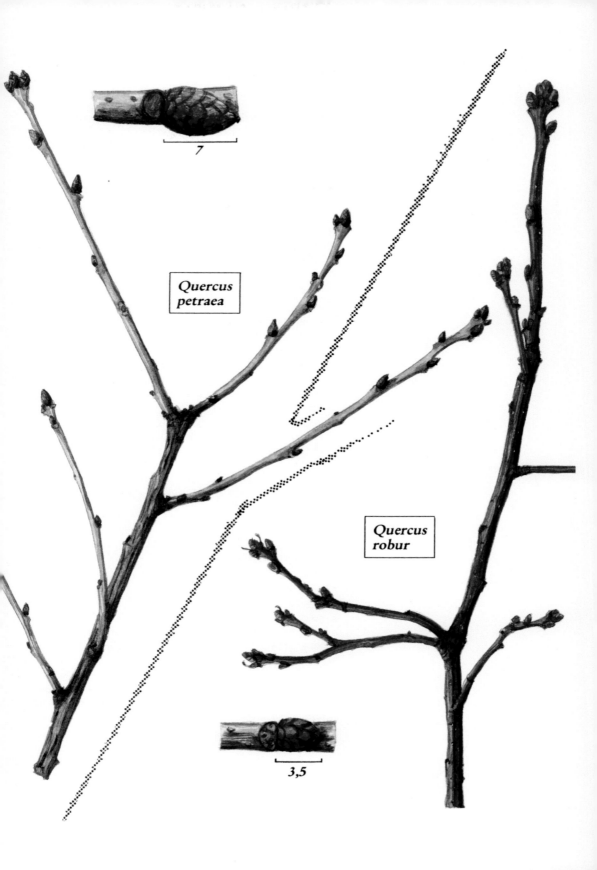

Quercus petraea

7

Quercus robur

3,5

Quercus cerris L.

(Fagaceae)
– Zerreiche –

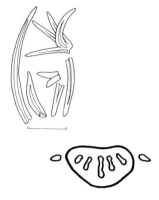

Zweige monopodial wachsend, rund, mit zerstreuten Blattnarben. Blätter bleiben lange in vertrocknetem Zustand an den Zweigen haften. Junge Zweige oliv, an der Spitze rauh behaart, später olivbraun. Lenticellen zahlreich, rund, warzig, grau.

Knospen 5 mm, hellbraun. Knospenschuppen behaart, in dunkelbraune, trockene Spitze verlängert, die gekrümmt die Knospe weit überragt. Knospen am Triebende gehäuft.

Blattnarben auf dickem Kissen, abgerundet dreieckig, mit 5 länglichen Blattspuren. Nebenblattnarben klein und warzigerhaben. Oft sind noch vertrocknete, gekrümmt-fädige Nebenblätter vorhanden.

Bis 35 m hoher, in Südeuropa heimischer Baum.

Quercus pubescens Willd.

(Fagaceae)
– Flaumeiche –

Zweige monopodial wachsend, mit zerstreuten Blattnarben, hell olivgrün bis graugrün, behaart (Büschelhaare). Lenticellen vereinzelt, klein, grau, stellenweise fehlend. Zweige längs gerieft.

Knospen 2 mm, hellbraun. Schuppen behaart mit dunkelbraunem Rand. An der Triebspitze äußere Schuppen mit trockener, gekrümmter Spitze, die graugrün die Knospe weit überragt.

Blattnarben abgerundet halbmondförmig mit vielen undeutlichen Blattspuren. Nebenblattnarben klein, meist nur an der Triebspitze.

Bis 15 m hoher einheimischer Baum.

Quercus rubra L.

(Fagaceae)
– Roteiche –

Zweige monopodial wachsend, schwach kantig, mit zerstreuten Blattnarben, glänzend, lichtseits rotbraun, schattenseits braunoliv, später durch abgehobene Epidermis stellenweise grau glänzend. Lenticellen sehr klein, hellocker, später hellgrau.

Knospen 5,5 mm, glänzend, vielschuppig, rehbraun, Schuppenrand dunkelbraun. Vereinzelt tritt eine kleine collaterale Beiknospe auf, vor allem im Bereich der Triebspitze, wo die Knospen gehäuft sind.

Blattnarben abgerundet dreieckig, auf dickem Kissen, meist mit 5 wenig deutlichen Blattspuren. Nebenblattnarben sehr klein, warzig erhaben, sie fehlen an der Basis des Triebes.

Bis 25 m hoher, in Nordamerika heimischer Baum.

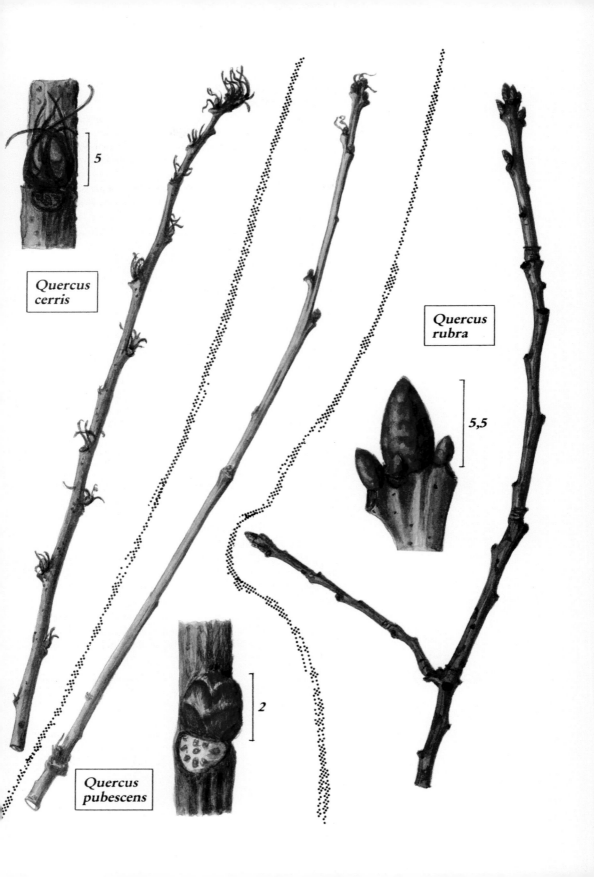

Quercus cerris

5

Quercus pubescens

2

Quercus rubra

5,5

Rhamnus catharticus L.

(Rhamnaceae)

– Purgier-Kreuzdorn –

Zweige monopodial wachsend mit dekussierten Blattnarben, im ersten Jahr hellgrau, an der Spitze behaart. Im zweiten Jahr wachsen die akroton (spitzenwärts) geförderten Seitentriebe des Achsengliedes zu langen Ruten aus. Die tiefer stehenden Seitentriebe bleiben kürzer (7–12 cm) und enden oft dornspitzig. Ältere Zweige braun bis schwarzbraun. Epidermis grauglänzend, abgehoben, rissig-netzig. Wenige große Lenticellen, rund und grau.

Knospen 5 mm, dunkelbraun, anliegend, teils gekrümmt und spitz. Schuppen stumpf braun mit Wimperrand.

Blattnarben grau, auf schwarzbraunem Kissen, mit drei Blattspuren. Nebenblattnarben klein.

Bis 6 m hoher einheimischer Strauch.

Rhamnus frangula L.

(Rhamnaceae)

– Faulbaum –

Zweige monopodial wachsend, Blattnarben vorwiegend zerstreut angeordnet. Zweige spärlich behaart, anfangs rotbraun, schattenseits olivbraun, später allseits grau. Epidermis rissig, schwach bereift (läßt sich polieren). Lenticellen anfangs punktförmig, dann auffällig hell strichförmig, später rundlich, warzig und grau.

Knospen 3 mm, zimtbraun bis oliv. Schuppen locker angeordnet, nicht schließend, an der Spitze oft dunkelbraun, Terminalknospe wollig behaart, kaum länger als die Seitenknospen und oft fehlend.

Blattnarben halbmondförmig mit 3 Blattspuren. An der Triebbasis sind oft die Narben der Blütenstiele (nur eine Spur) und die der Blütenvorblätter zu sehen. Nebenblattnarben sind vorhanden, treten aber nur an älteren Zweigabschnitten deutlich hervor.

Bis 4 m hoher einheimischer Strauch.

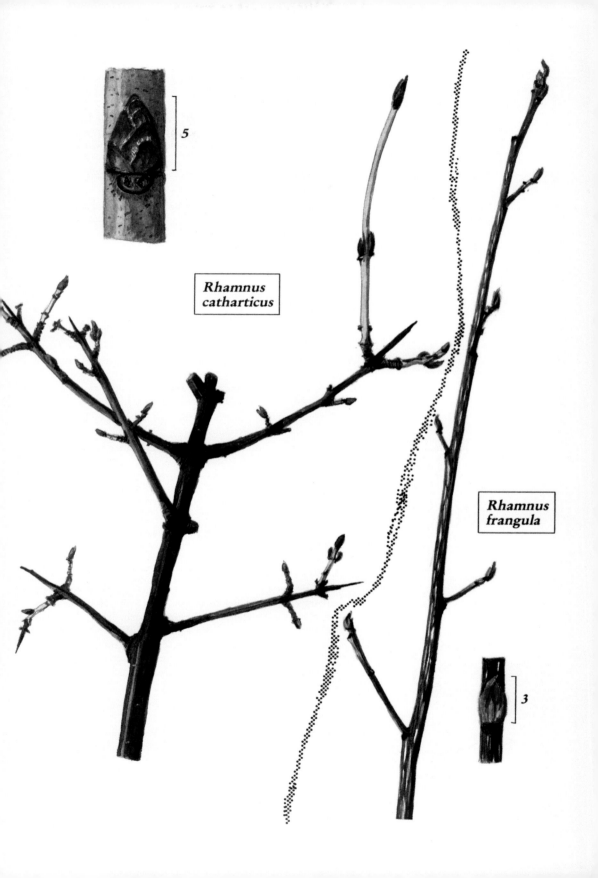

Rhamnus
catharticus

5

Rhamnus
frangula

3

Ribes rubrum L.
(Saxifragaceae)
– Garten-Johannisbeere –

Zweige sympodial wachsend mit zerstreuten Blattnarben, hell grauocker mit dunklen Flecken oder rissig-netzig durchgesprungene, primäre Rinde, später matt glänzend, kaffeebraun. Keine Lenticellen.

Knospen 6 mm, braun an den Zweigspitzen gehäuft. Schuppen schwach seidig behaart.

Blattnarben anfangs hell orangebraun mit kragenartig vorspringendem Unterrand und seitlich herablaufenden Säumen. Drei Blattspuren, keine Nebenblattnarben.

Bis 1,50 m hoher, in Westeuropa heimischer Strauch.

Ribes uva-crispa L.
(Saxifragaceae)
– Gewöhnliche Stachelbeere –

Zweige sympodial wachsend mit zerstreuten Blattnarben, hell grauocker mit eng-faserig abblätternder primärer Rinde. Zweige mit Stacheln besetzt, die einzeln oder zu dritt unter und neben den Blattnarben entspringen. Lenticellen fehlen.

Knospen 6 mm, rötlich braun, äußere Schuppen klein, grauschwarz, meist vertrocknet.

Blattnarben wannenförmig mit drei Blattspuren. Darunter liegt die mediane Stachelanlage.

Bis 1,50 m hoher einheimischer Strauch.

Ribes nigrum L.
(Saxifragaceae)
– Schwarze Johannisbeere –

Zweige sympodial wachsend mit zerstreuten Blattnarben, anfangs hellocker, lichtseits rotbraun. Von den Blattnarbenrändern herablaufende rotbraune Säume. Ältere Zweigabschnitte durch abgehobene Epidermis glänzend, grau, darunter braun. Lenticellen fehlen. Zweigspitzen sehr kurz behaart und mit goldenen Drüsenhaaren besetzt. Beim Reiben tritt der typische, aromatische Geruch nach schwarzen Johannisbeeren auf.

Knospen 6,5 mm, gestielt, rosarot mit goldenen Drüsenhaaren besetzt.

Blattnarben bogig mit seitlich herablaufenden Säumen. Drei Blattspuren, Nebenblattnarben fehlen. Innenrinde riecht schwach nach Äther.

Bis 2 m hoher einheimischer Strauch.

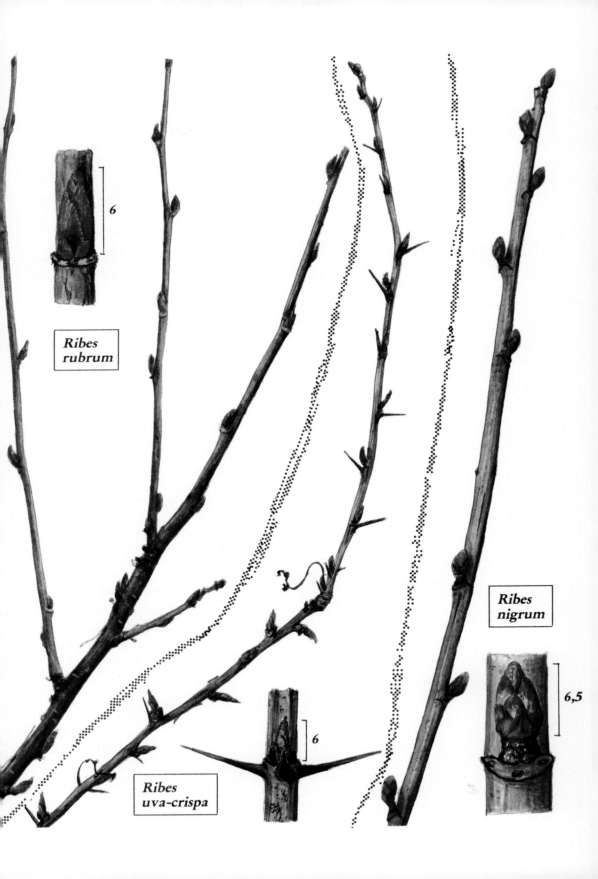

Ribes rubrum

6

Ribes nigrum

Ribes uva-crispa

6

6,5

Robinia pseudacacia L.

(Fabaceae)

– Robinie –

Zweige sympodial wachsend mit zerstreuten Blattnarben, teils unbewehrt, teils mit paarigen Dornen, den umgewandelten Nebenblättern, besetzt. Wasserreiser sehr lang, mit bis zu 2,5 cm langen, rückwärts gerichteten Dornen. Zweige gelbbraun, grau oder olivgrün und rot überlaufen. Lenticellen anfangs rötlich, strichförmig, später warzig grau. Bedornte Zweige zeigen schmale Längsstreifen, die von den Dornen aus herablaufen.

Knospen nicht zu sehen, sie sind unter den Blattnarben verborgen.

Blattnarben dreiteilig, teils aufgerissen (Abb. 11). Nebenblätter zu Dornen umgewandelt oder verkümmert, jedoch ohne eine deutliche Narbe zu hinterlassen.

Bis 25 m hoher, aus Nordamerika stammender Baum, der in Europa eingebürgert ist.

Rosa canina L.

(Rosaceae)

– Heckenrose –

Zweige geknickt, überhängend, sympodial wachsend, mit zerstreuten Blattnarben, locker mit zurückgekrümmten blaugrauen Stacheln besetzt, anfangs rotviolett, schattenseits grün, später graubraun, durch abgehobene Epidermis stellenweise hell-grau. Zweigspitzen schwach bereift. Lenticellen klein, hellgrau oder schwarz.

Knospen 1,5 mm, rot, glänzend.

Blattnarben schmal bogig, mit drei sehr kleinen Blattspuren. Nebenblattnarben fehlen. (Die Nebenblätter sind mit dem Blattstiel verwachsen.)

Bis 3 m hoher einheimischer Strauch mit überhängenden Zweigen.

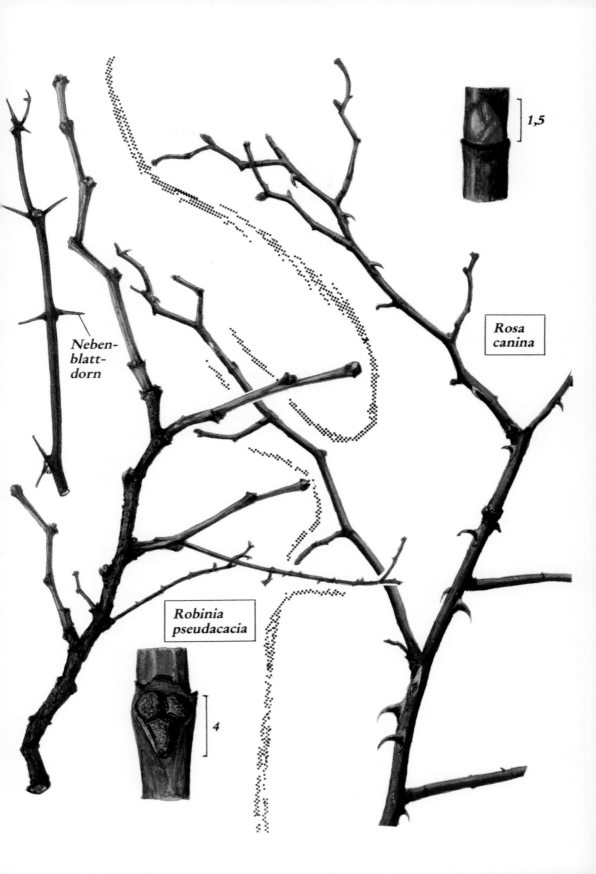

1,5

Rosa canina

Neben-
blatt-
dorn

Robinia pseudacacia

4

Rubus fruticosus L.

(Rosaceae)

– Gemeine Brombeere –

Zweige sympodial wachsend, mit meist aufrechten Triebenden, rotviolett, bereift, stark bestachelt mit verschieden großen, rückwärts gerichteten roten Stacheln. Dazwischen vereinzelt, an den Sproßenden häufig, Drüsenhaare (Lupe). Zweige längskantig oder gerieft, schattenseits manchmal grün. Die Blätter bleiben, grün oder rot, lange erhalten. Blattstiele rückwärts gerichtet. Sie bilden kein Trenngewebe, sondern trocknen ab. An den Abbruchstellen bleiben die fädigen Nebenblätter erhalten (Abb. 13).

Knospen 8 mm, manchmal gestielt, rot, Schuppen an den Spitzen behaart. Sehr häufig tritt eine kleine seriale Beiknospe auf.

Viele Meter lang wachsende einheimische Heckenpflanze.

Rubus idaeus L.

(Rosaceae)

– Gemeine Himbeere –

Zweige sympodial wachsend, schwach bogig geknickt, braunocker, zur Spitze hin dunkler werdend, dort an den Knoten fast kaffeebraun. Zweige fein längs gerieft, an der Triebbasis matt glänzend. Lenticellen fehlen. Die Zweige können dünn mit rückwärts gerichteten Stacheln besetzt, aber auch völlig kahl sein.

Knospen 7 mm, schmutzig braun, an der Spitze manchmal grün. Kleine, serial angeordnete Beiknospen sind viel seltener als bei R. fruticosus.

Blattnarben fehlen, der Blattstiel vertrocknet und bricht dann ab, hinterläßt jedoch keine Nebenblätter, da diese am Blattstiel angewachsen sind.

Bis 2 m hoher einheimischer Strauch.

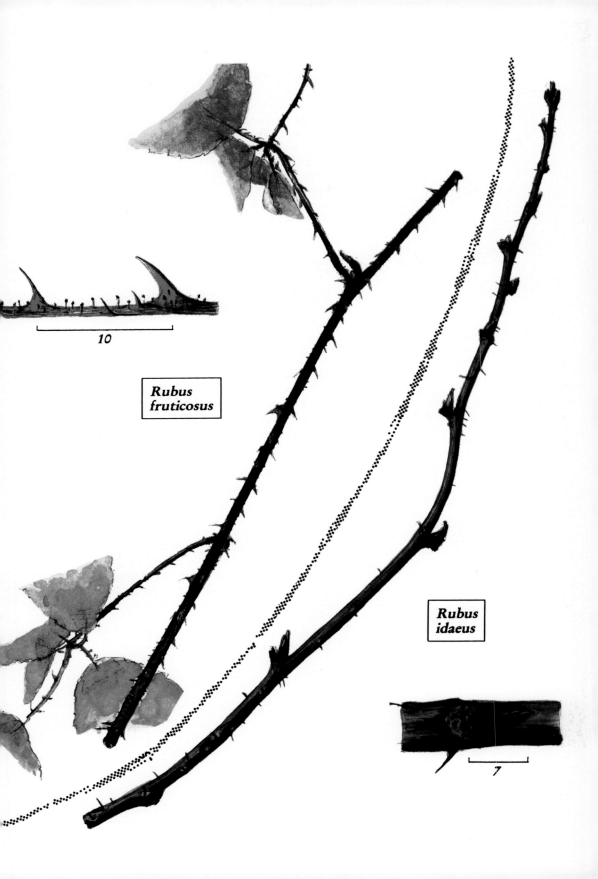

Rubus fruticosus

10

Rubus idaeus

7

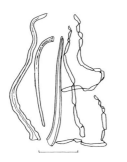

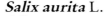
Salix aurita L.

(Salicaceae)

– Ohr-Weide –

Zweige sympodial wachsend mit zerstreuten Blattnarben, wenn aufstrebend rutenförmig, dünn behaart, allseits rotbraun mit gelbgrünem Unterton. Niederliegende Zweige meist dünn und kurz, lichtseits rotbraun, schattenseits grün. Zweige später stumpf grauoliv. Lenticellen spärlich, braun, warzig.

Knospen 3 mm, leuchtend rot, zur Spitze hin dunkler werdend, an den Zweigenden größer.

Blattnarben V-förmig mit drei Blattspuren. Nebenblattnarben rundlich, warzig. An älteren Zweigabschnitten häufig runde Abbruchstellen von Zweigen mit ringförmigem Zweigspurkomplex.

Bis 3 m hoher einheimischer Strauch.

Salix formosa Willd.

(Salicaceae)

– Bäumchenweide –

Zweige sympodial wachsend mit zerstreuten Blattnarben. Die Triebspitze vertrocknet und wird durch zwei oder drei akroton geförderte lange Seitentriebe ersetzt. Zweige anfangs dicht grauweiß behaart, stumpf graubraun, lichtseits rötlich braun, später durch aufreißende primäre Rinde dunkelgrün. Lenticellen vereinzelt.

Knospen 2,5 mm, grau behaart, dunkel rotbraun, dem Zweig flach angedrückt, oben abgerundet. An älteren Zweigabschnitten vereinzelt collaterale Beiknospen neben den Zweignarben, die zu dünnen Bereicherungstrieben auswachsen können.

Blattnarben schmal, bogig, mit drei Blattspuren, durch Behaarung des Zweiges teilweise verdeckt. Nebenblattnarben fehlen. Zweignarben halbkreisförmig mit zentralem Zweigspurkomplex.

Bis 1 m hoher einheimischer Strauch mit breit ausladenden niederliegenden Zweigen.

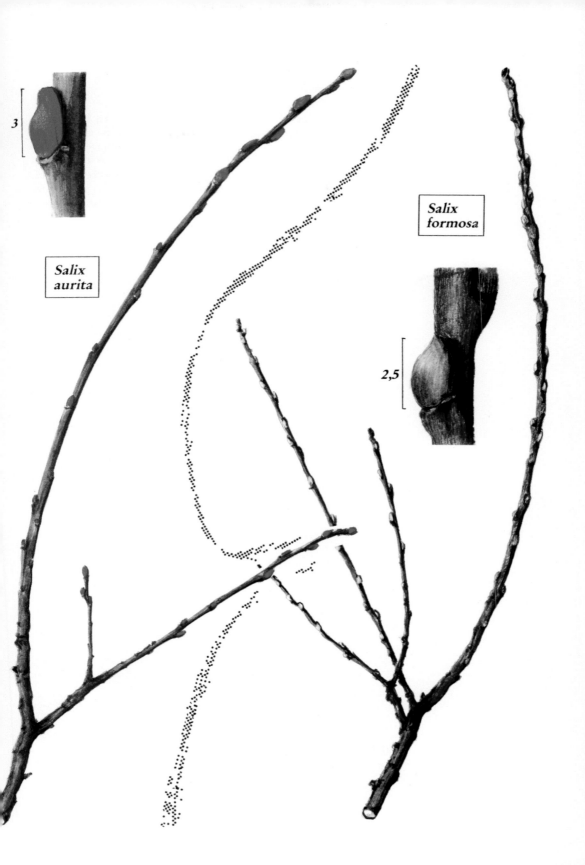

3

Salix
aurita

Salix
formosa

2,5

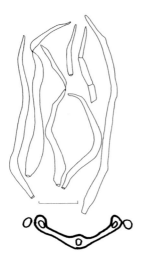

Salix cinerea L.
(Salicaceae)
– Graue Weide –

Zweige sympodial wachsend mit zerstreuten Blattnarben, anfangs samtig behaart, grüngrau, lichtseits etwas rötlich überlaufen, später grün mit heller, fein-netzig aufgerissener primärer Rinde. Lenticellen vereinzelt, rund, warzig, braun.

Knospen 6 mm, matt grau behaart, mit hellbraun durchschimmerndem Untergrund, etwas abgeflacht, spitz. Infloreszenzknospen (vgl. Abb.10) 10 mm, auf der Zweigseite gelbgrün, außen rotbraun, schwach behaart.

Blattnarben auf Kissen, schmal, bogig, mit drei Blattspuren. Nebenblattnarben rund.

Bis 2 m hoher einheimischer Strauch.

Salix caprea L.
(Salicaceae)
– Salweide –

Zweige sympodial wachsend mit zerstreuten Blattnarben, anfangs kurz, weiß behaart, lichtseits stumpf, dunkel rotbraun oder rötlich oliv, schattenseits oliv, später durch feinnetzig aufgerissene primäre Rinde graugrün auf dunkelbraunem Untergrund, schattenseits Untergrund oft grün. Lenticellen klein, buckelig-warzig, rund, dunkelbraun.

Knospen 5 mm, rot, rotbraun oder gelb mit Übergängen, an der Basis heller.

Blattnarben auf Kissen, bogig bis breit-dreieckig mit drei Blattspuren. Nebenblattnarben klein, keilförmig.

Bis 8 m hoher einheimischer Baum.

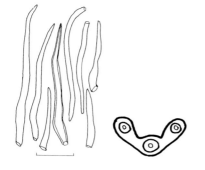

Salix alba L.
(Salicaceae)
– Silberweide –

Zweige sympodial wachsend, mit zerstreuten Blattnarben, oft überhängend, gelbbraun oder dunkelbraun seidig bis dicht zottig behaart. Lenticellen rund, warzig, braun.

Knospen 5 mm, dicht anliegend, rotbraun bis dunkelbraun, silbrig behaart.

Blattnarben dreieckig, oberer Rand schüsselförmig eingebuchtet mit drei Blattspuren, die warzenartig hervorstehen.

Bis 35 m hoher einheimischer Baum mit geradem Stamm und geschlossener Krone. Borke langrissig.

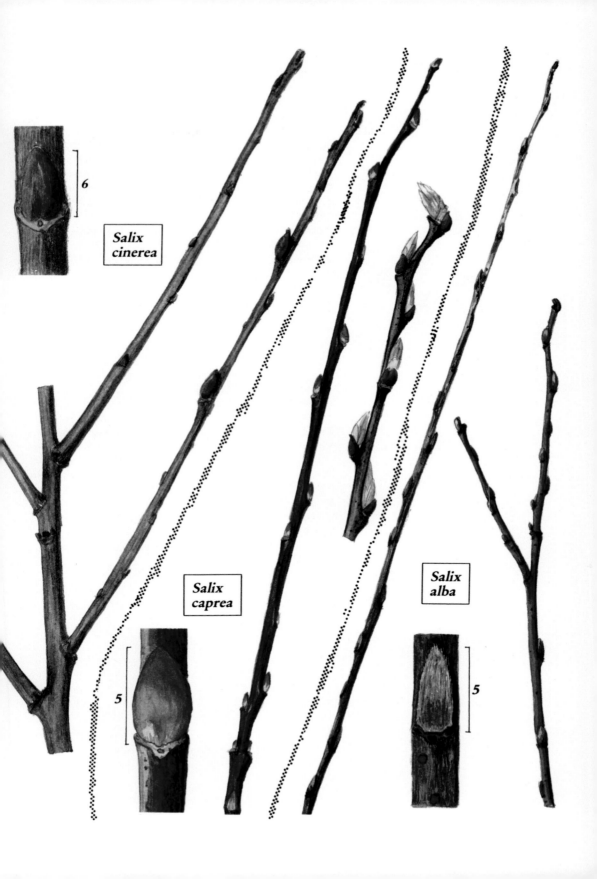

Salix cinerea

Salix caprea

Salix alba

Salix phylicifolia L.
(Salicaceae)
– Zweifarbige Weide –

Zweige sympodial wachsend mit zerstreuten Blattnarben, Zweige kurz, an den Jahresgrenzen leicht abgeknickt. Die Spitzen-Internodien sind oft vertrocknet oder abgefallen. Zweige glänzend, lichtseits olivbraun mit kastanienbraunen, runden oder zusammenfließenden Flecken, schattenseits olivgrün. Lenticellen vereinzelt, groß, warzig, braun, oft im Zentrum eines kastanienbraunen «Hofes» liegend, später schwarzgrau werdend.

Knospen 4,5 mm, Infloreszenzknospen 6,5 mm, gelbgrün, rotbraun überlaufen.

Blattnarben schmal, fast halbkreisförmig, mit 3 Blattspuren, anfangs hellocker, später schwarzgrau. Deutliche Nebenblattnarben vorhanden.

Bis zu 2 m hoher, in Skandinavien heimischer Strauch.

Salix elaeagnos Scop.
(Salicaceae)
– Lavendelweide –

Zweige kantig, sympodial wachsend mit zerstreuten, dicht stehenden Blattnarben, lang rutenförmig, rotviolett, glänzend, mit dünnem weißlichen Haarflaum. Junge Zweige tief längs-gefurcht, ältere Zweige mit olivbraunem Rautenmuster aus Korkgewebe auf rotviolettem Untergrund. Lenticellen groß, braun, warzig.

Knospen 4 mm, flach, rot, an der Basis heller, weißlich behaart.

Blattnarben schmal, bogig, mit drei Blattspuren. Nebenblattnarben nicht zu erkennen.

Bis zu 10 m hoher einheimischer Baum.

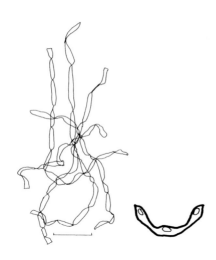

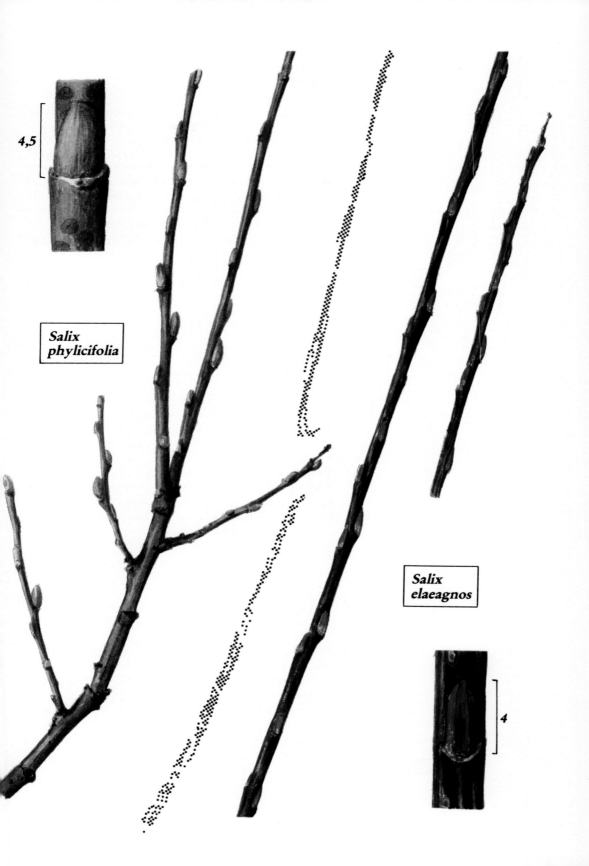

4,5

Salix
phylicifolia

Salix
elaeagnos

4

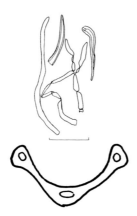

Salix viminalis L.

(Salicaceae)

– Korbweide –

Zweige sympodial wachsend, aufrecht rutenförmig, mit zerstreuten Blattnarben, anfangs samtartig silbergrau behaart. Der Haarbesatz läßt sich leicht abreiben, es bleibt eine glänzende, grüngelbe, graugelbe oder braune Zweigoberfläche. Lenticellen zimtbraun, warzig, besonders an den kahlen, glänzenden Zweigabschnitten zu erkennen.

Knospen 7 mm. Die Knospenhülle ist schwach behaart, sie wird an den Zweigenden häufig von den silbrig-weiß behaarten, 9 mm langen Knospen durchbrochen.

Blattnarben hellbraun, manchmal schwarz, schmal, bogig, an den drei Blattspuren nach unten ausgerandet. Nebenblattnarben fehlen.

Bis 8 m hoher einheimischer Baum oder Großstrauch.

Salix nigricans Sm.

(Salicaceae)

– Schwarzweide –

Zweige sympodial wachsend mit zerstreuten Blattnarben, dunkel braunrot, im Knotenbereich häufig noch dunkler, an der Spitze oft vertrocknend, anfangs dünn abstehend behaart, später matt seidig glänzend. Lenticellen vereinzelt, warzig braun.

Knospen 6 mm, schwach behaart, rotbraun, an der Spitze leicht abgeflacht. Infloreszenzknospen 9 mm, birnförmig.

Blattnarben sichelförmig, sehr schmal, ohne deutliche Blattspuren. Nebenblattnarben vorhanden.

Bis 10 m hoher einheimischer Baum.

Salix triandra L.

(Salicaceae)

– Mandelweide –

Zweige sympodial wachsend mit zerstreuten Blattnarben, schwach kantig, leicht geknickt, meist kahl, gelbgrün, rot oder rotbraun glänzend. Lenticellen vereinzelt, warzig, dunkelbraun.

Knospen 6 mm, anliegend, dunkel rotbraun, matt glänzend. Infloreszenzknospen 8 mm, birnförmig, fast spitz.

Blattnarben flach-bogig mit drei Blattspuren. Nebenblattnarben rundlich, deutlich.

Bis 4 m hoher einheimischer Strauch oder Baum.

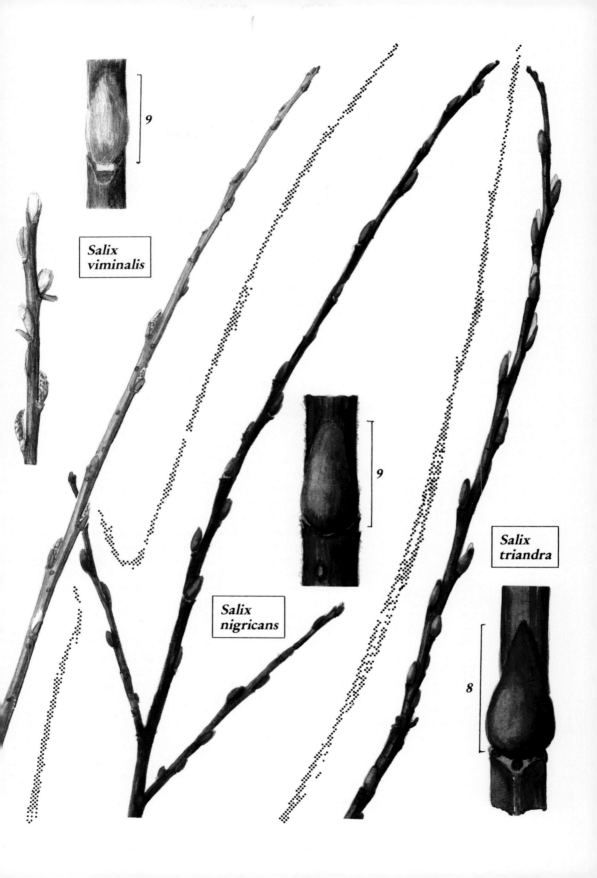

Salix
viminalis

9

Salix
nigricans

9

Salix
triandra

8

Salix purpurea L.

(Salicaceae)

– Purpurweide –

Zweige sympodial wachsend, jedoch Langtriebe regelmäßig mit schief gegenständigen Knospen (und Blattnarben) versehen. Zweige rutenförmig, biegsam, zäh, glänzend kahl, lichtseits rotbraun, rot oder purpurrot, schattenseits olivgrün, rot überlaufen. Ältere Zweigabschnitte graugrün mit hellem Netz aufgerissener primärer Rinde. Lenticellen spärlich, längs-spindelförmig, braun.

Knospen 7 mm, dicht anliegend rot oder gelb mit roter Spitze, glänzend, abgeflacht.

Blattnarben schmal-bogig mit drei Blattspuren, hellgrau. Nebenblattnarben fehlen. Zweignarben auf Kissen, rund mit kranzförmigem Zweigspuren-Komplex, oft collaterale Beiknospen vorhanden.

Bis 3 m hoher einheimischer Strauch.

Salix daphnoides Vill.

(Salicaceae)

– Reifweide –

Zweige glänzend, sympodial wachsend mit zerstreuten Blattnarben, lichtseits rotbraun bis violettbraun, unterhalb der Zweigansätze weißblau bereift. An der Triebspitze und hinter den Knospen grau-wollig behaart. Zweige schattenseits dunkel rotbraun bis oliv. Lenticellen klein, spärlich, warzig, dunkelgrau, oft in hellem Hof.

Knospen 4 mm, rot bis violettrot.

Blattnarben schmal, bogig, mit drei Blattspuren. Narbenfläche liegt fast rechtwinkelig zur Zweigachse auf schmalem Kissen. Zweignarben ebenfalls auf Kissen, rund bis dreieckig mit kranzförmigem Zweigspur-Komplex. Collaterale Beiknospen.

Bis 10 m hoher einheimischer Baum mit geradem Stamm.

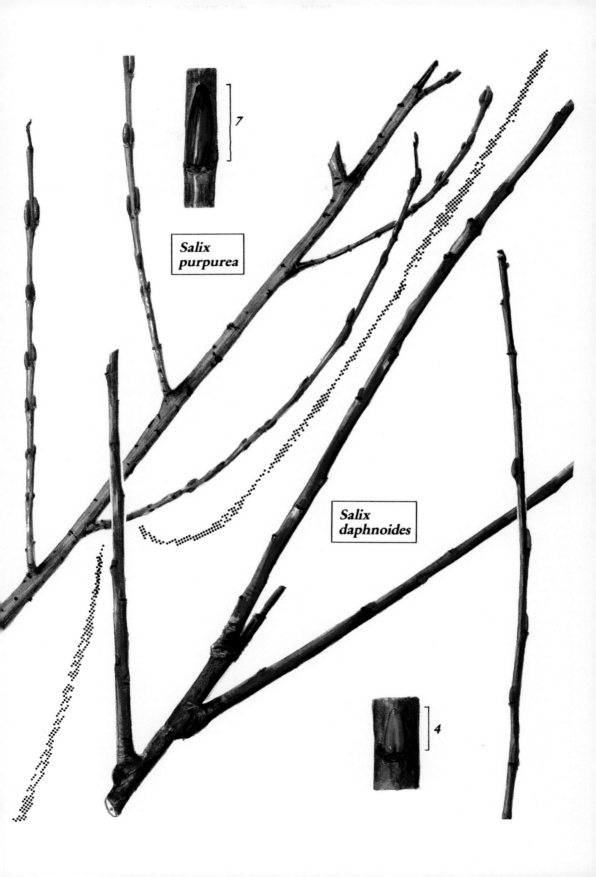

*Salix
purpurea*

7

*Salix
daphnoides*

4

Salix fragilis L.

(Salicaceae)

– Knackweide –

Zweige sympodial wachsend mit zerstreuten Blattnarben, rutenförmig, gelb, kahl, glänzend, brüchig (vor allem an der Ansatzstelle der Zweige), längs gerieft, später gelblich grün. Lenticellen spärlich, buckelig-warzig, dunkelbraun.

Knospen 4 mm, gelb mit braunem Sockel, oft violettrot überlaufen, hart, dem Zweig angedrückt.

Blattnarben ausgerandet trogförmig, mit 3 Blattspuren. Nebenblattnarben fehlen.

Bis 15 m hoher einheimischer Baum.

Salix pentandra L.

(Salicaceae)

– Lorbeerweide –

Zweige sympodial wachsend mit zerstreuten Blattnarben, kahl, glänzend, anfangs rotbraun oder gelb, später gelbgrün bis graugrün. Lenticellen spärlich, warzig, dunkelbraun. Kurze Zweige an der Spitze sehr dicht mit Knospen besetzt.

Knospen 6,5 mm, schokoladebraun, glänzend, längs gefurcht, an der Basis vielfach mit rotem Sockel.

Blattnarben abgerundet oder V-förmig, schmal, an den drei Blattspuren nach oben erweitert.

Bis 15 m hoher einheimischer Baum mit langrissiger Borke.

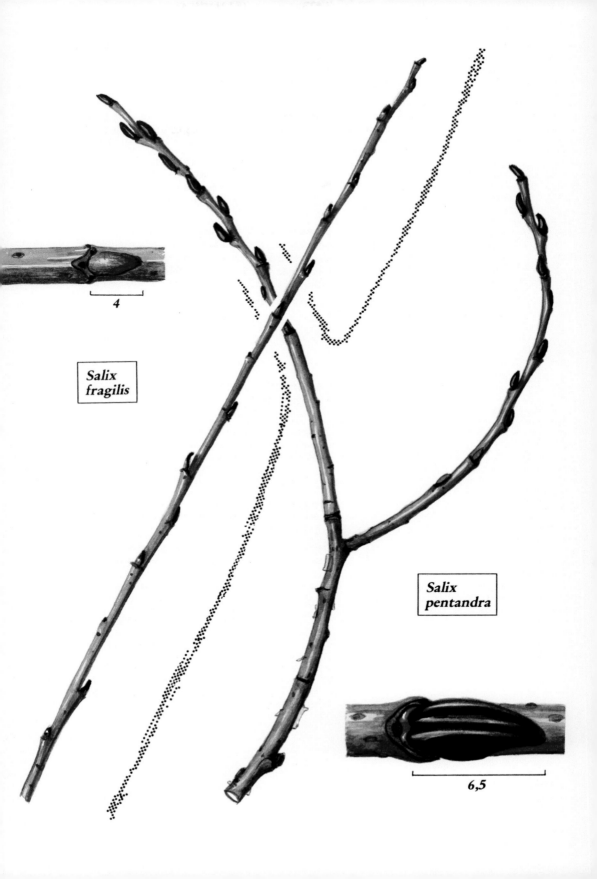

Salix
fragilis

4

Salix
pentandra

6,5

Sambucus racemosa L.

(Caprifoliaceae)
– Roter Traubenholunder –

Zweige monopodial wachsend mit dekussierten Blattnarben, 8kantig, matt glänzend, olivgrün und rot überlaufen bis dunkelbraun. Rutenförmige Zweige unregelmäßig gekrümmt. Lenticellen auffällig, hellbraun, warzig, längs gerichtet.

Knospen 8 mm, im Herbst grün. Schuppen mit dunkelbraunem Rand. Später erscheinen die Knospen lichtseits dunkel rotviolett. Knospen an den Zweigenden kugelig (Infloreszenzknospen).

Blattnarben hellocker, fast zweigbündig mit 3 oder 5 Blattspuren. Nebenblattnarben vorhanden, rundlich erhaben, oft von schwarzen, vertrockneten Nebenblattresten verdeckt. Innenrinde hat kräftigen, stickigen Geruch. Stengelmark hellbraun.

Bis 4 m hoher einheimischer Strauch.

Sambucus nigra L.

(Caprifoliaceae)
– Schwarzer Holunder –

Zweige monopodial wachsend mit dekussierten Blattnarben, anfangs oliv, später braunoliv, lichtseits leicht gerötet. Zweige matt glänzend. Lenticellen groß, längs-spindelförmig, warzig, dunkelocker. Im Lupenbild zahlreiche abgebrochene Haare (etwa $^1/_{10}$ der Lenticellengröße).

Knospen 5 mm, die beiden äußeren Schuppenpaare stumpf, graubraun, abstehend, innere Schuppen glänzend, zerknittert, dunkel rotbraun.

Blattnarben gewinkelt oder breit hufeisenförmig mit drei Blattspuren. Nebenblattnarben rund warzig, oft fehlend oder undeutlich.

Stengelmark weiß. Innenrinde riecht stark (Holundergeruch).

Bis 10 m hoher einheimischer Strauch oder Baum.

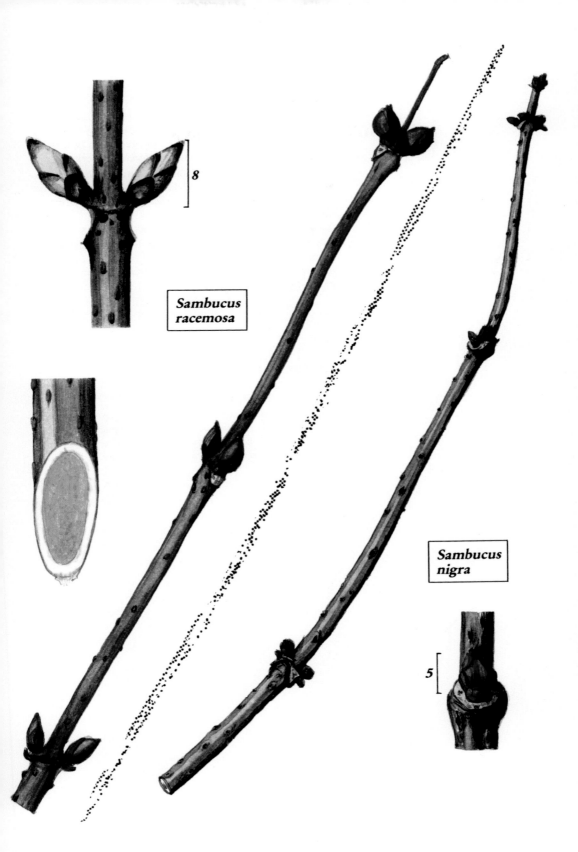

Sambucus racemosa

8

Sambucus nigra

5

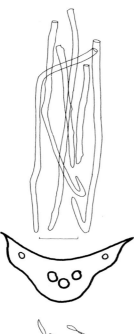

Sorbus aucuparia L.

(Rosaceae)

– Vogelbeere – (Gemeine Eberesche)

Zweige rutenförmig, sympodial wachsend mit zerstreuten Blattnarben, lichtseits schwarzbraun, schattenseits ocker. Grau abgehobene Epidermis kommt bereits an der Triebspitze vor. Lenticellen spindelförmig längs, hellocker.

Knospen 9 mm, schokoladebraun bis schwarz, innere Knospenschuppen weiß-filzig behaart, später oft verkahlend. Knospen dem Zweig angedrückt, lichtwärts gebogen. Zweitoberste Knospe auffallend klein.

Blattnarben auf breitem schwarzen Kissen, mit 5 Blattspuren, die beiden lateralen oft durch Einbuchtungen abgetrennt (Nebenblattnarben).

Innenrinde hat schwachen Karbolgeruch.

Bis 15 m hoher einheimischer Baum.

Sorbus aria (L.) Crantz

(Rosaceae)

– Gemeine Mehlbeere –

Zweige sympodial wachsend mit zerstreuten Blattnarben, lichtseits dunkel rotbraun, bei manchen Formen stellenweise weißlich bereift, schattenseits olivbraun, später kaffeebraun und glänzend. Lenticellen weiß, warzig. Trockene Zweige gerieft.

Knospen 7 mm, Endknospe 9 mm, grün. Schuppen in der Mitte rotbraun, mit deutlich hervortretender Mittelrippe, am Rande weiß-bärtig behaart.

Blattnarben flach dreieckig auf Kissen, deutlich abgesetzte Nebenblattnarben fehlen.

Bis 15 m hoher einheimischer Baum.

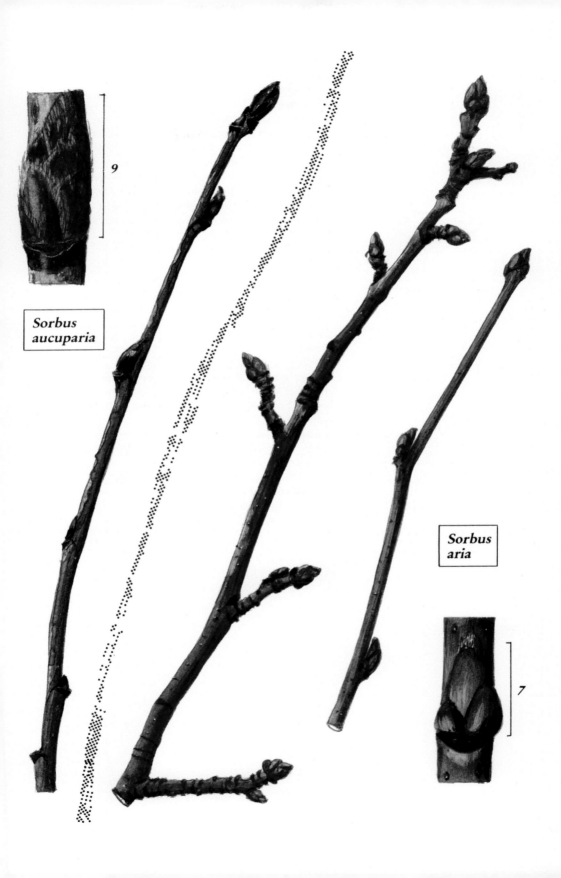

*Sorbus
aucuparia*

9

*Sorbus
aria*

7

Sorbus torminalis (L.) Crantz
(Rosaceae)
– Elsbeere –

Zweige sympodial wachsend mit zerstreuten Blattnarben, olivbraun, durch abgehobene Epidermis stellenweise silbrig glänzend, später matt glänzend, braun, schattenseits zuweilen grün. Lenticellen sehr klein, hellbraun.

Knospen 3 mm, Endknospe 6 mm, grün, kugelig, glänzend. Knospenschuppen mit schmalem braunen Rand.

Blattnarben auf Kissen, schief gestellt, breit dreieckig mit drei Blattspuren, die mediane zusammengesetzt. Nebenblattnarben strichförmig, hoch ansetzend.

Bis 25 m hoher einheimischer Baum.

Sorbus domestica L.
(Rosaceae)
– Speierling –

Zweige sympodial wachsend mit zerstreuten Blattnarben, stumpf ocker, besonders unterhalb der Knoten durch abgehobene Epidermis hellgrau. Lenticellen groß, warzig, grauschwarz.

Knospen 7 mm, Endknospen nur wenig größer, braun glänzend. Schuppen mit dunkelbraunem Rand, zuweilen mit weißen randständigen Wollhaaren.

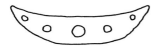

Blattnarben auf Kissen, breit sichelförmig mit 3 oder 5 Blattspuren. Nebenblattnarben fehlen.

Bis 20 m hoher, in Südeuropa heimischer Baum.

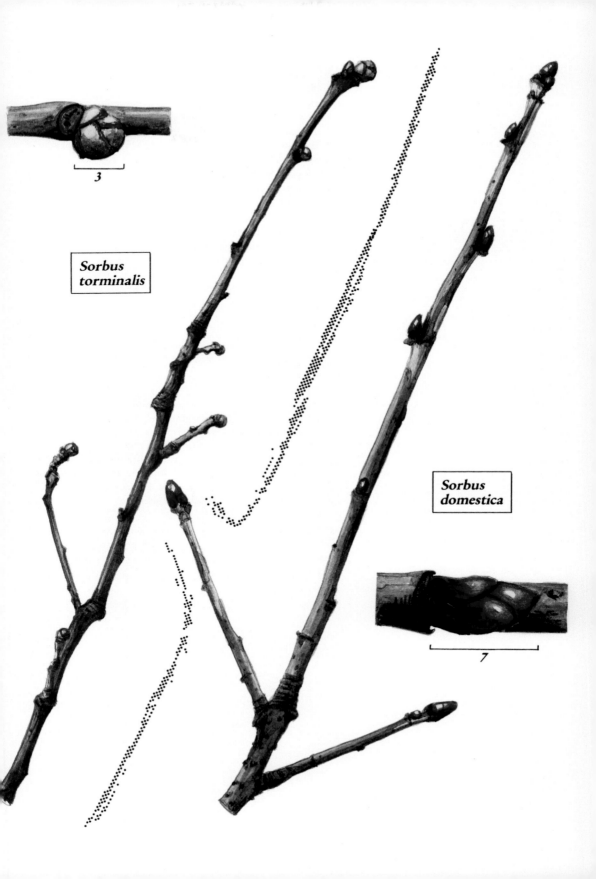

Sorbus torminalis

3

Sorbus domestica

7

Syringa vulgaris L.
(Oleaceae)
– Gewöhnlicher Flieder –

Zweige monopodial wachsend mit dekussierten Blattnarben. Terminaltrieb als Infloreszenzachse oder als steriler Trieb vertrocknend und später abfallend. Zweige graugrün, schattenseits grün, später durch rissige primäre Rinde graubraun. Lenticellen weißlich, warzig.

Knospen akroton stark vergrößert, 9 mm, grün glänzend mit hellbraunen Schuppenrändern. Terminalknospe oft fehlend.

Blattnarben braun, abgerundet wannenförmig mit einem breiten Blattspurkomplex. Nebenblattnarben fehlen.

Bis 6 m hoher, in Südost-Europa heimischer Strauch.

Symphoricarpos rivularis Suksd.
(Caprifoliaceae)
– Gemeine Schneebeere –

Zweige rutenförmig aufrecht, monopodial wachsend mit dekussierten Blattnarben. Terminaltrieb oft vertrocknend. Am oberen Knoten vielfach Wirtel mit 6 Zweigen: 1 Paar zweijährige (grau) und 2 Paar einjährige Triebe, die aus collateralen Beiknospen entstanden sind (rotbraun). Junge Zweige oben mit kurzen, schwarzen Knotenhaaren besetzt, längs gerieft, rötlich kupferfarben, ohne Lenticellen. Zweijährige Zweige grau, äußere Rinde aufgeplatzt, langfaserig. Die schwarzen Punkte sind Haarbasen.

Knospen 1 mm, braun, später von einem Paar gekielter Vorblätter umhüllt. Collaterale Beiknospen entwickeln sich meist erst nach dem Austrieb.

Blattnarben klein, 0,5 mm, undeutlich, meist nur eine Blattspur zu erkennen.

Bis 2 m hoher, aus Nordamerika stammender Strauch.

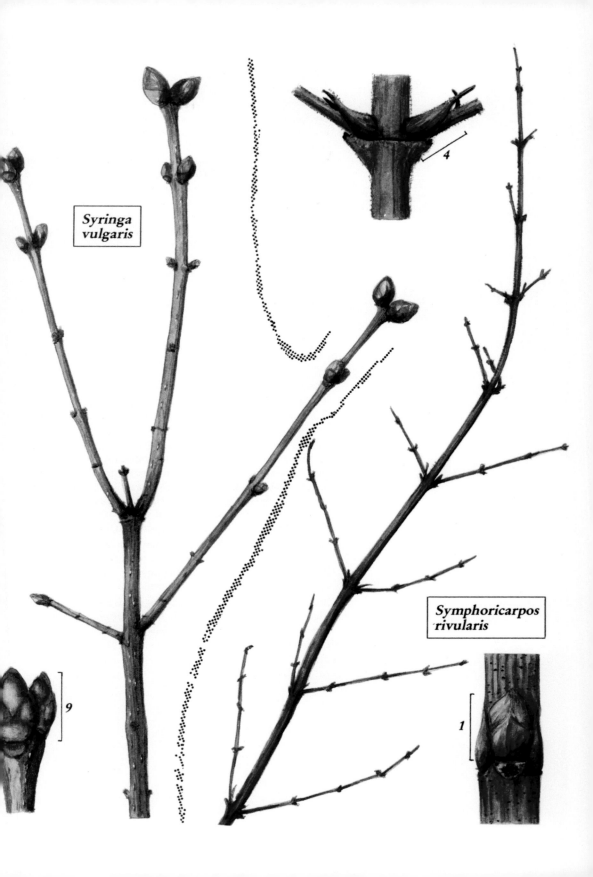

*Syringa
vulgaris*

4

*Symphoricarpos
rivularis*

9

1

Staphylea pinnata L.
(Staphyleaceae)
– Gemeine Pimpernuß –

Zweige monopodial wachsend mit dekussierten Blattnarben. Endtriebe meist als Infloreszenzachse ausgebildet, die später vertrocknet. Junge Zweige lichtseits rötlich oliv mit kleinen, hellgrünen Flecken (Lupe), schattenseits grün, später stumpf braun mit hellgrünen Flecken abgehobener Epidermis, die anfangs nur Blattnarben und Lenticellen umgeben. Lenticellen zahlreich, aber klein, buckelig.

Knospen 2 mm, Infloreszenzknospen 7 mm, grün glänzend, im Licht rot überlaufen, von einer «Mütze» allseits bedeckt. Meist bleibt nur eine Knospe des endständigen Knospenpaares erhalten.

Blattnarben abgerundet dreieckig mit fünf halbrund angeordneten Blattspuren, die mediane besonders breit. Nebenblattnarben weit entfernt, warzig.

Bis 5 m hoher einheimischer Strauch.

Tilia × vulgaris Hayne
(Tiliaceae)
– Holländische Linde –

Zweige sympodial wachsend mit zerstreuten, zweizeilig angeordneten Blattnarben. Gipfeltriebe kaum geknickt, anfangs rotbraun, schattenseits braunorange bis braunoliv, später graubraun, schattenseits olivbraun. Hellgraue Flecken von abgehobener Epidermis. Lenticellen deutlich warzig, grau. Zweigspitzen kahl (Merkmal von T. cordata), Internodien jedoch lang (Merkmal von T. platyphyllos).

Knospen 5 mm, Endknospen 8 mm, dunkelrot bis violettrot, schattenseits rotbraun bis oliv, häufig mit drei sichtbaren Schuppen, von denen die äußere einer Infloreszenznarbe gegenüber liegt und als Vorblatt gedeutet wird.

Blattnarben grauschwarz, flach-bogig mit einem Kranz von Blattspuren. Nebenblattnarben lang S-förmig. Sehr häufig treten Infloreszenznarben mit einer Spur seitlich von der Blattnarbe auf.

Bis 25 m hoher Alleebaum.

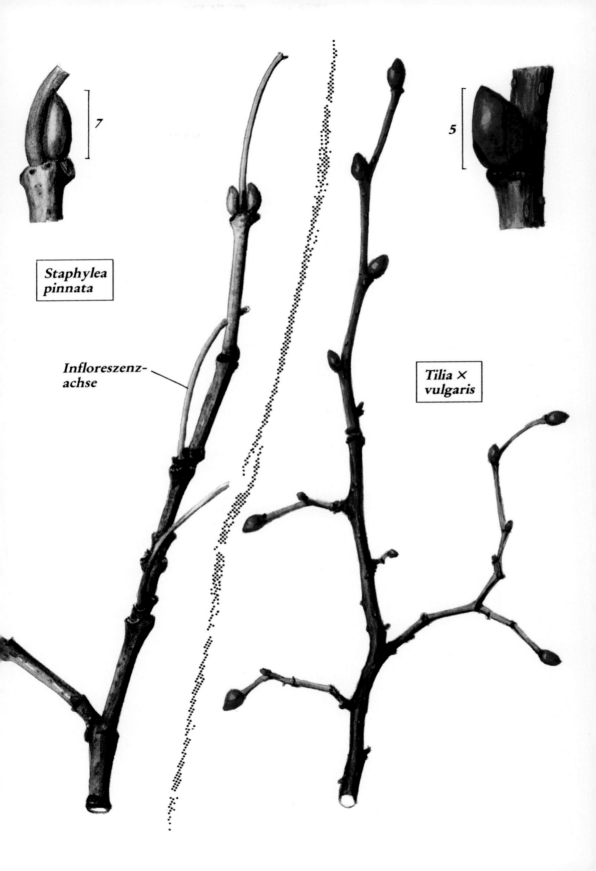

Staphylea pinnata

Infloreszenz-achse

Tilia × *vulgaris*

7

5

Tilia cordata Mill.
(Tiliaceae)
– Winterlinde –

Zweige sympodial wachsend mit zerstreuten, zweizeilig angeordneten Blattnarben, glänzend, unbehaart, anfangs rotbraun, schattenseits hellbraun, später kaffeebraun, schattenseits olivbraun, oft von abgehobener Epidermis grauglänzend. Lenticellen hellocker oder grau, warzig, besonders auf der Schattenseite deutlich. Äste kurz geknickt und verzweigt, endständige Jahrestriebe haben selten mehr als 4 Knospen, Jahreszuwachs der Seitentriebe oft kürzer als 1 cm und einknospig.

Knospen 6 mm, Endknospen 7 mm, stark glänzend rotviolett, schattenseits stellenweise hell olivbraun. Im typischen Falle sind nur 2 Knospenschuppen sichtbar, von denen die innere die Knospe vollständig umschließt.

Blattnarben abgerundet dreieckig mit 3, 4 oder 5 Blattspuren. Nebenblattnarben keilförmig, Infloreszenznarben selten.

Bis 25 m hoher einheimischer Baum.

Tilia tomentosa Moench
(Tiliaceae)
– Silberlinde –

Zweige sympodial wachsend mit zerstreuten, zweizeilig angeordneten Blattnarben, anfangs gelblich grün, oft durch dichte Behaarung (Büschelhaare) wie verstaubt aussehend, später grauoliv, schattenseits grün. Zweige kaum geknickt. Lenticellen anfangs fehlend oder durch Haarfilz verdeckt, später hellocker, längs spindel- bis strichförmig.

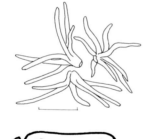

Knospen 4 mm, gelbgrün, filzig behaart. Endknospen nicht größer als die übrigen.

Blattnarben abgerundet breit dreieckig, mit 3 Blattspuren. Nebenblattnarben keilförmig. Infloreszenznarben seitlich neben der Blattnarbe, rund einspurig.

Bis 30 m hoher, in Südost-Europa heimischer Baum.

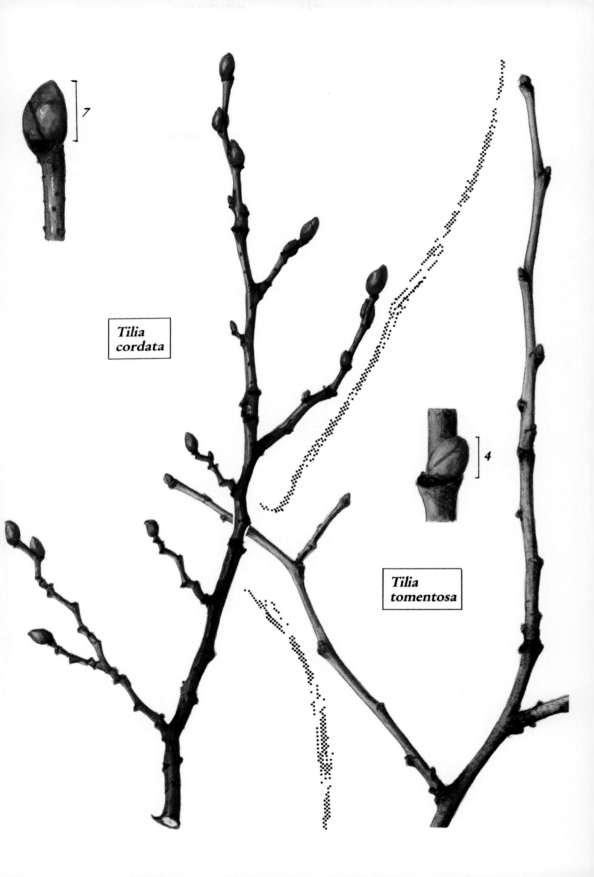

Tilia cordata

Tilia tomentosa

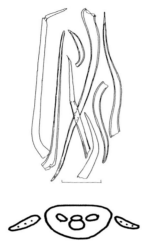

Tilia platyphyllos Scop.

(Tiliaceae)

– Sommerlinde –

Zweige sympodial wachsend mit zerstreuten, zweizeilig angeordneten Blattnarben, leicht geknickt, schwach glänzend, jedoch anfangs dünnzottig behaart, lichtseits rotviolett, schattenseits hell rotbraun. Später Zweige lichtseits braun mit abgehobener graurissiger Epidermis, schattenseits oliv. Lenticellen auf der Schattenseite deutlich, spindelförmig warzig, anfangs hellbraun, später braungrau.

Knospen 6 mm, rotviolett glänzend, schattenseits grün, meist von 3 sichtbaren Schuppen umgeben, die innere umhüllt die Knospe vollständig. Die äußere Schuppe liegt einer Infloreszenznarbe gegenüber und wird als Vorblatt gedeutet.

Blattnarben halbrund mit meist 4 ungleichen Blattspuren. Nebenblattnarben keilförmig oder bogig durch Dilatation verbreitert (vgl. Abb. 7). Oft tritt seitlich von der Blattnarbe eine Infloreszenznarbe hinzu, sie ist rund und hat eine einzelne Spur.

Bis 30 m hoher einheimischer Baum.

Tilia × euchlora K. Koch

(Tiliaceae)

– Krim-Linde –

Zweige sympodial wachsend, kurz geknickt, mit zerstreuten, zweizeilig angeordneten Blattnarben, anfangs bräunlich gelb bis oliv, schattenseits gelbgrün, später braunoliv durch fein-netzigen Kork. Lenticellen vor allem auf der Schattenseite sichtbar, schwarz-braun, warzig, längs-spindelförmig.

Knospen 6 mm, bräunlich gelb, rot überlaufen, mit 2, wenn eine Infloreszenznarbe vorhanden ist, mit 3 sichtbaren Schuppenblättern.

Blattnarben abgerundet dreieckig mit drei dicht beieinanderliegenden Blattspuren. Nebenblattnarben strichförmig bis bogig, oft mit deutlichen Blattspuren. Infloreszenznarben mit einer Spur treten sehr häufig seitlich neben der Blattnarbe auf.

Bis 20 m hoher Alleebaum.

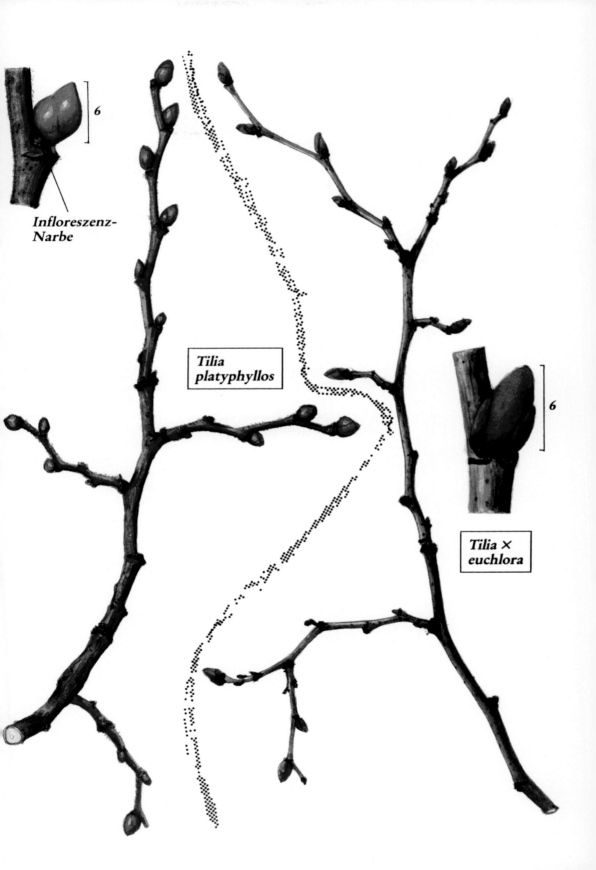

Infloreszenz-
Narbe

*Tilia
platyphyllos*

*Tilia ×
euchlora*

6

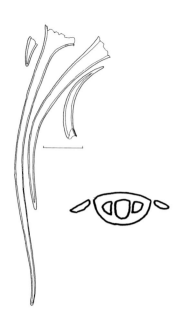

Ulmus laevis Pall.

(Ulmaceae)

– Flatterulme –

Zweige sympodial wachsend mit zerstreuten, annähernd zweizeilig angeordneten Blattnarben, anfangs olivbraun, schattenseits gelblichgrün, später hell graubraun. Zweigspitzen steif behaart. Lange Triebe rutenförmig, Triebe mit Infloreszenzknospen leicht geknickt. Lenticellen spärlich, hellocker, längs strichförmig, später warzig.

Knospen 2,5 mm, Infloreszenzknospen 6 mm, vielschuppig, spitz, braun. Schuppen mit dunkelbraunem Vorderrand.

Blattnarben abgerundet dreieckig mit drei großen, dicht beieinanderliegenden Blattspuren. Nebenblattnarben vorhanden.

Bis 30 m hoher einheimischer Baum.

Ulex europaeus L.

(Fabaceae)

– Stechginster –

Zweige sympodial wachsend mit zerstreut angeordneten Seitentrieben, die in der Achsel von pfriemlichen, stachelspitzigen Blättern entspringen. Triebe grün, längs gerieft. Die Epidermis bleibt lange erhalten. Lenticellen fehlen.

Knospen kaum zu erkennen, Blütenknospen, 3 mm, von grünem Tragblatt mit gelber Stachelspitze verdeckt, graufilzig behaart. Tragblätter werden später braun und fallen ab, ohne deutliche Narbe zu hinterlassen.

Das Zweigholz ist grün durch Chlorophyll in den Strahlzellen.

Bis 1,5 m hoher einheimischer Strauch.

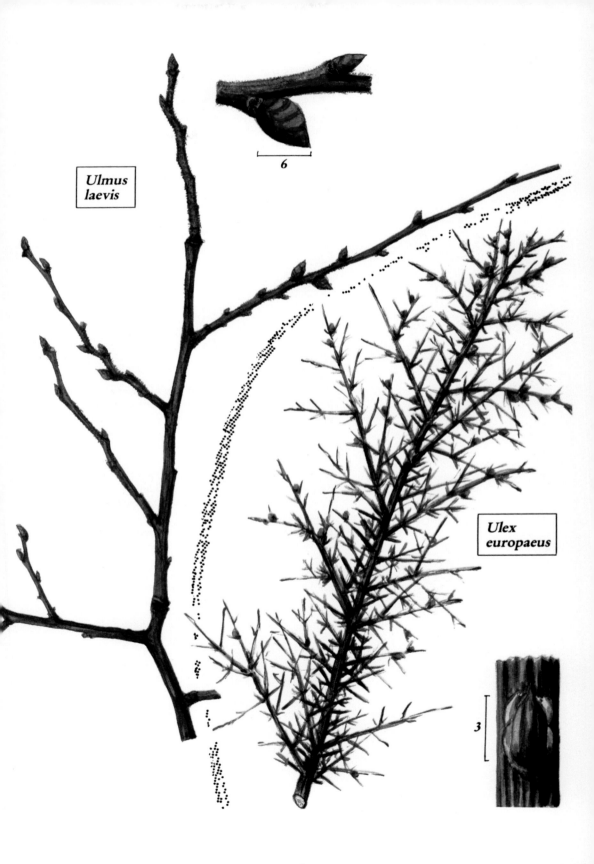

Ulmus laevis

6

Ulex europaeus

3

Ulmus glabra Huds.

(Ulmaceae)

– Bergulme –

Zweige geknickt, sympodial wachsend mit zerstreuten, annähernd zweizeilig angeordneten Blattnarben, anfangs grüngrau, dünn weißlich behaart, später hellgrau. Lenticellen hellocker oder braun, buckelig, spindelförmig.

Knospen kegelförmig, 3,5 mm, Infloreszenzknospen rund, 5 mm, kaffeebraun, vielschuppig. Schuppenrand mit Wimperhaaren besetzt.

Blattnarben schief rautenförmig, mit drei Blattspuren. Nebenblattnarben klein, rautenförmig.

Bis 40 m hoher einheimischer Baum. Zahlreiche Wuchsformen sind bekannt.

Ulmus carpinifolia Gled.

(Ulmaceae)

– Feldrüster –

Zweige sympodial wachsend mit zerstreuten, zweizeilig angeordneten Blattnarben, und, besonders bei sterilen Zweigen, deutlich geknicktem Wuchs. Junge Zweige rauh, an der Spitze schwach behaart. Kork hell, längs-rissig. Zweige rotgelb bis rotbraun, schattenseits oliv. Lenticellen hellbraun, warzig.

Knospen 2,5 mm, kegelförmig, schief lichtwärts gewendet, dunkelbraun mit 3–4 sichtbaren Schuppen. Knospen eines Triebes fast gleich groß. Infloreszenzknospen 3 mm, fast kugelig.

Blattnarben schief, abgerundet dreieckig mit 3 Blattspuren. Nebenblattnarben ungleich, die lichtseits gelegene sichelförmig, die schattenseitige fast rund.

Bis 30 m hoher einheimischer Baum mit zahlreichen Stockausschlägen am Stamm. Mehrere Wuchsformen sind bekannt.

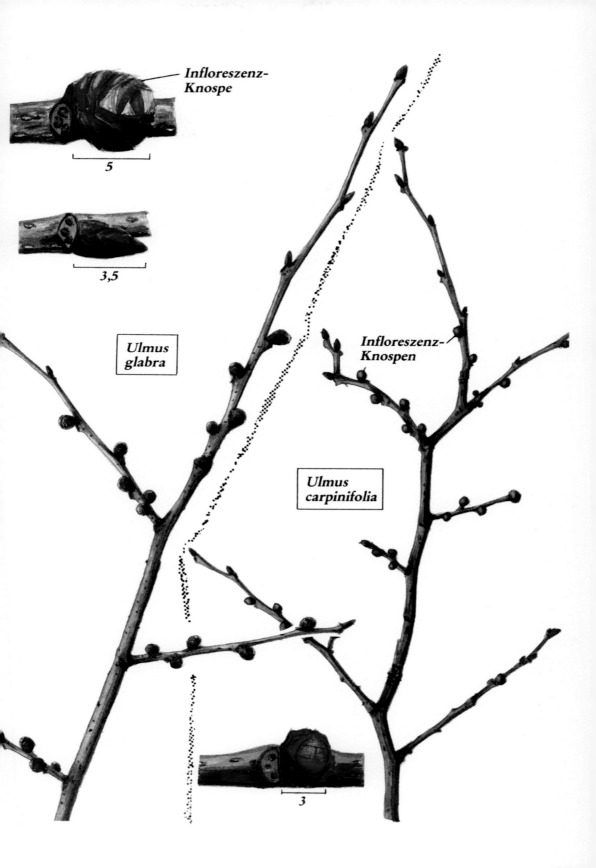

Infloreszenz-Knospe

5

3,5

Ulmus glabra

Infloreszenz-Knospen

Ulmus carpinifolia

3

Vaccinium uliginosum L.

(Ericaceae)

– Rauschbeere –

Zweige sympodial wachsend mit zerstreuten Blattnarben, anfangs hell rotbraun, glänzend, später ockerbraun. Epidermis leicht papillös. Lenticellen fehlen. Die Zweigepidermis blättert von der Rinde ab, dabei werden lange Bündel von primären Rindenfasern freigelegt, die an älteren Zweigabschnitten als Streifung zu erkennen sind.

Knospen 2 mm, spitz, von zwei abstehenden Schuppen umhüllt.

Blattnarben wappenförmig, mit einer Blattspur. Keine Nebenblattnarben.
Die Triebspitze vertrocknet meist, es treten keine Endknospen auf.

Niedriger Strauch von 50 cm Höhe, einheimisch an schattigen Stellen in Hochmooren.

Vaccinium myrtillus L.

(Ericaceae)

– Heidelbeere – (Blaubeere)

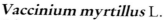

Zweige sympodial wachsend mit zerstreuten Blattnarben, grün, kantig. Rippen von linker Ecke der unteren zur rechten Ecke der darüberliegenden Blattnarbe laufend, daher Zweigkanten steil-rechtsschraubig. Lenticellen fehlen.

Knospen 3 mm, grün, an der Basis stark verjüngt. Endknospe meist etwas größer.

Blattnarben winzig, grauschwarz, mit einer Blattspur.

Niedriger, bis 50 cm hoher einheimischer Strauch.

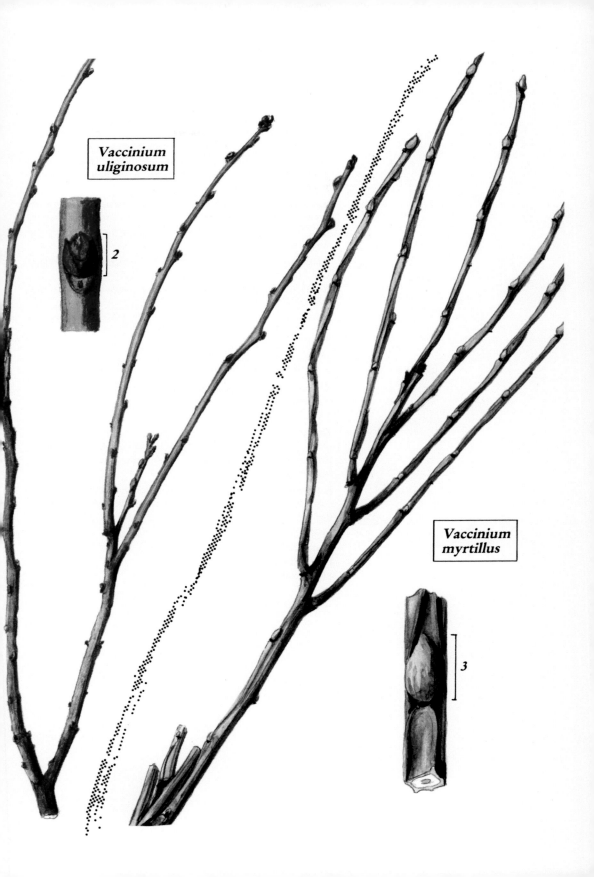

Vaccinium
uliginosum

2

Vaccinium
myrtillus

3

Viburnum opulus L.
(Caprifoliaceae)
– Gewöhnlicher Schneeball –

Zweige monopodial wachsend mit dekussierten Blattnarben, Spitze oft in Terminal-Infloreszenz endend. Untere Seitentriebe fehlend oder reduziert. Zweige anfangs ocker bis rot überlaufen, schattenseits grünlich-ocker, matt, später grauocker, stumpf. Lenticellen rund, buckelig, hellocker. Zweige hohl.

Knospen 7 mm, rot bis rotviolett, von einer «Mütze» bedeckt, dem Zweig dicht anliegend. Im zweiten Jahr entwikkeln sich collaterale Beiknospen mit Infloreszenzanlagen, jedoch oft nur einseitig.

Blattnarben zweigbündig, flach V-förmig mit 3 Blattspuren. Nebenblattnarben fehlen.

Bis 4 m hoher einheimischer Strauch mit lange bleibenden roten Beeren.

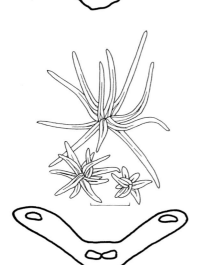

Viburnum lantana L.
(Caprifoliaceae)
– Wolliger Schneeball –

Zweige monopodial wachsend mit dekussierten Blattnarben, matt, behaart (Büschelhaare) mit kahlen Stellen, lichtseits rötlich-oliv, schattenseits oliv, später rosabraun. Lenticellen hellbraun, durch Haarpelz verdeckt.

Knospen ohne Knospenschuppen, unterstes Blattpaar der späteren Seitentriebe stark behaart, mit sichtbarer Aderung der Spreiten. Terminale Infloreszenzknospen fast stets vorhanden.

Blattnarben braun, gewinkelt, mit 3 Blattspuren. Nebenblattnarben fehlen.

Bis 5 m hoher einheimischer Strauch.

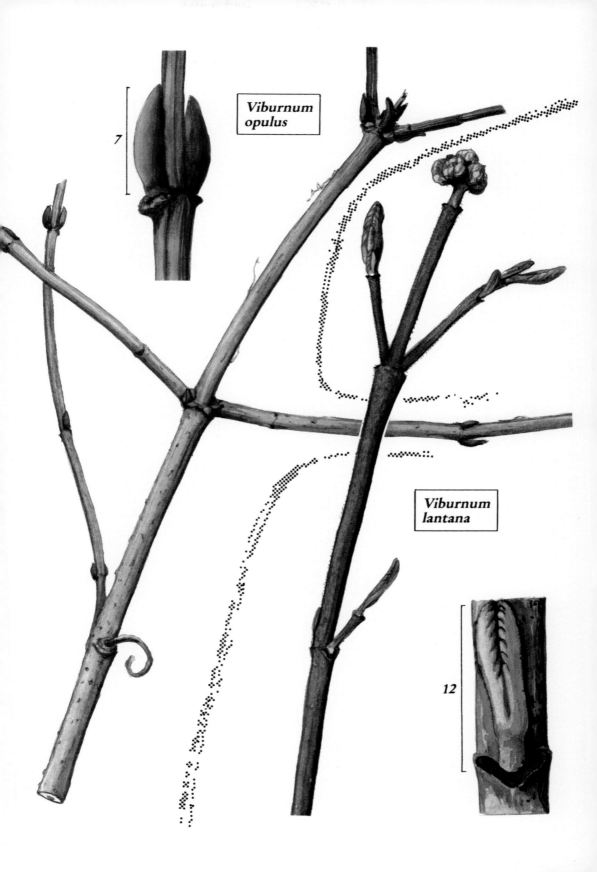

Viburnum opulus

7

Viburnum lantana

12

Verzeichnis der deutschen Pflanzennamen

Printed in the United States
By Bookmasters